西南的价值

THE VALUE OF THE SOUTHWEST

优秀景观作品践行之路

The Practice Road of Outstanding Landscape Works

中国城市科学研究会“景观学与美丽中国建设委员会” 编著

CLA

CLA 全称“中国城市科学研究会·景观学与美丽中国建设专业委员会”，CLA 西南分部秉承“开放平等、求是创新、产研结合、服务行业”原则，在信息的交互中、理念的传播中、思想的碰撞中，通过开展多学科协作来推动学术研究，以西南地区独特的景观学发展历程为依托，助力西南地区乃至中国景观行业的健康发展。除了每年一次的大型专业论坛以及年会活动，推进西南地区景观影响力外；还会与高校和科研机构合作，支持并参与一些具有前瞻性的课题研究以及考察活动，增加行业互动、解读、观摩、学习；同时，呼吁社会广大有志之士能够参与到 CLA 这个平台。

大连理工大学出版社
Dalian University of Technology Press

图书在版编目(CIP)数据

西南的价值：优秀景观作品践行之路 / 中国城市科学研究会，景观学与美丽中国建设专业委员会编著. —大连：大连理工大学出版社，2018.12
ISBN 978-7-5685-1770-6

Ⅰ. ①西… Ⅱ. ①中… ②景… Ⅲ. ①景观设计—作品集—中国—现代 Ⅳ. ①TU983

中国版本图书馆CIP数据核字（2018）第249595号

出版发行：大连理工大学出版社
（地址：大连市软件园路80号　邮编：116023）
印　　刷：普天印务（重庆）股份有限公司
幅面尺寸：280mm × 280mm
出版时间：2018年12月第1版
印刷时间：2018年12月第1次印刷
责任编辑：苗慧珠
封面设计：洪　烘
责任校对：曹静宜

ISBN 978-7-5685-1770-6
定　　价：180.00元

电　　话：0411-84708842
传　　真：0411-84701466
邮　　购：0411-84708943
E-mail：architect_japan@dutp.cn
URL：http://dutp.dlut.edu.cn

中国城市科学研究会
“景观学与美丽中国建设专业委员会”
西南分部公约

总则

缔约各方在遵守国家法律法规、相关行业管理条例的基础上，出于推动景观行业健康发展、壮大本土景观行业力量的愿望，共立此公约，合力建立行业内企业与客户、与用户及彼此之间的良性互动。

共有价值观

所有签约入会的会员共同认可以下价值观：

1.《中国景观学宣言》倡导的发展理念，即：培育开放包容的文化，开展多学科协作，推动学术研究，促进设计进步和行业发展，协助政府实现政策改进和管理创新，启迪和教育民众，发挥我们在生态文明和美丽中国建设中的关键作用。

2. 关注可持续发展，积极进行绿色设计相关探索和实践，引导低碳环保的生活态度。

3. 鼓励原创和独立思考的精神。

4. 关注社会民生问题，积极思考和解决城市化进程中的一些问题。

5. 体现景观行业的社会和历史责任感。

自律条款

1. 尊重知识产权，抵制抄袭，禁止产权不明晰的项目宣传上打擦边球。

2. 会员单位须以景观产业链上设计、工程、材料或服务为发展核心，不应以出卖资质、收取挂靠费和盖章费为经营目标；不应违法转包。

3. 会员单位应自觉不和与组织价值观相抵触的单位、个人进行合作。

4. 设计师应恪守职业操守，在公众中树立良好的职业形象。会员单位属下设计师如有泄露公司商业秘密、私自接单、卖单或其他违反职业道德的行为，其他公司三年内不应聘用。

5. 在商务谈判方面，各方应根据项目类型和复杂程度约定报价的底价区间，还原项目本身的价值。禁止以超低价来换取合约的扼杀市场行为。

6. 人才竞争应建立在公平、公开的选拔机制之上，禁止恶意挖角，保护企业培养新人的热情。

7. 在日常运作中，禁止对竞争对手采取诽谤攻击、设置障碍、人为干扰等不正当的手段。

8. 会员单位不得未经允许、擅自以协会名义从事任何盈利或非盈利活动。

9. 任何会员如被举报有违反以上自律条款的行为，经会员单位代表决议通过，在协会内部予以公示和通报批评，情节严重时予以除名。对非协会会员单位的相关不当行为，经上述程序裁决后，由协会秘书长致函该单位告知意见。

倡导方向

1. 创造协会内部的合作机会。

会员单位有项目需要寻求合作伙伴时，应首先考虑协会会员。

对于有主张、有创意、有作品但力量薄弱、经营困难的会员，协会应在行业内积极推荐扶持。

2. 提倡优质优价，合理提高景观行业收费水平。

3. 各会员单位应将所获得的有关新材料、新技术的信息在协会内共享（涉及企业商业机密、技术秘密的除外）。

4. 协会应成为景观人才的培养基地，推动景观行业自身的可持续发展；进而在培训实践中为当今学院教育中存在的弊病提供解决问题的参考。

各会员单位在条件许可的情况下，为人才培训提供师资、教材、案例、场地、经费或其他形式的帮助。

5. 各会员单位通过经验管理经验的交流共享，共同探索景观行业在当今和未来市场中的成功模式。

6. 协会应通过建立公共的交流和展示平台，定期举办展览、论坛、竞赛等活动，普及空间艺术，提升公众审美层次，并推动更广泛的跨界合作。

执行细则

1. 协会的加入：

西南地区从事景观设计、施工或相关专业的企业单位，具有一定专业高度或行业影响力，认同协会价值观，认可协会的自律条款，经两家以上会员单位推荐，并经三分之二以上会员单位投票通过，允许加入本协会。

2. 协会的退出：任何会员决定退出本协会，应书面通知协会秘书长及会长，秘书长应在收到通知的 15 日内知会全体会员。

3. 协会条款的修改：任何会员单位均可向协会秘书长提交书面形式的公约条款修改意见。秘书长应负责通知所有会员单位并征询意见，当有三分之二（含）以上会员通过时则视为有效。反对意见须在通知送达之日起一个月内提出，逾期不再考虑。

秘书长应在修改意见通过后的一个月内对公约条款进行相应修改，并向全体会员发布。

4. 本公约于 2018 年 4 月 1 日讨论通过执行。

（感谢羊城设计联盟对公约制定的支持）

俞孔坚

哈佛大学设计学博士、美国艺术与科学院院士
罗马大学荣誉博士
北京大学建筑与景观设计学院教授
北京土人城市规划设计有限公司教授、首席设计师
中国城市科学研究会副理事长

序

聚力西南

2016 年 11 月，在北大燕园，作为中国城市科学研究会的专业委员会，“景观学与美丽中国建设专业委员会”宣告成立，来自全国各地 50 多位业界精英起草并通过了《中国景观学宣言》，至今一年有余。这份宣言仍字字铿锵，犹在耳畔。宣言里，全体委员共同承诺，“培育开放包容的文化，开展多学科协作，推动学术研究，促进设计进步和行业发展，协助政府实现政策改进和管理创新，启迪和教育民众，发挥景观学在生态文明和美丽中国建设中的关键作用”。在这份宣言的感召下，全国各片区积极响应，分别成立了各地方分会，其中 CLA 西南分会的发展尤为迅速，已颇见聚力之成效。今日邀请我为 CLA 西南分会年会出版物写几句话，我想借此重提聚力的专业与时代价值。

改革开放与城市化这些年，中国从羸弱走向富强，城市之华丽高耸、路桥之绵延通达、堤坝之伟岸强固，成就举世瞩目。同时，巨大的人口负重、攀升的消费需求和贫乏的环境资产，使我们进入一个充满生态和环境危机的时代：旱涝灾害频发、水资源短缺、大气及水土污染严重、良田告急、栖息地破坏与物种灭绝、城乡风貌丧失。面对如此复杂的环境问题，现代科学的过于细分，相对狭窄缺乏融合的专业口径，是生态文明和美丽中国建设宏伟蓝图的实现面临巨大挑战。

作为景观设计行业从业者，我们必须清晰认识到景观设计学是一门以国土生态保护与修复、生态城市及美丽乡村建设为核心内容的综合性学科，面对日益综合复杂的生态与环境问题、审美与文化认知危机，我们必须主动肩负起时代责任。同时也必须更加清醒地认识到这份责任，绝不是某个人、企业、部门能够单独承担的。因此突破学科及行业细分的局限和壁垒势在必行，亟须将有关生态与环境、城市与自然、规划设计与土木工程学科进行交叉整合，将科学、艺术、工程技术进行跨界整合，以问题为导向，形成新的学科、专业和职业。这是专委会的使命，更应该是每一个当代景观设计从业者的自觉行动。

很欣慰地看到西南片区同仁们率先行动起来。我国广袤的西南地区，包括重庆、四川、云南、贵州、西藏等多个省市自治区，资源禀赋优良，自然本底景观独特，历史文脉悠远。然而美好总是与脆弱相伴。经济上的相对落后，却以牺牲环境资源为代价赶超，因而保护西南地区的自然环境，再造秀美河山的任务更加急迫而艰巨。甚幸！这片土地有一群热情团结并勇于担当的景观设计师的守护。甚幸！他们没有自我陶醉于祖国一隅的耕耘和收获，而乐于交流分享发声表率！ 2017 年的西南分会年会群英荟萃，以“西南的价值”共同发声，并汇集出版此书，使其智慧与经验得以远播宇内，更为学科及行业的发展留下印记。可喜可贺，故乐为之序，以表庆贺及感佩之意。

杜春兰

重庆大学建筑城规学院　院长、教授、博士生导师

国务院学科评议组成员

酒香不怕巷子深

说到西南，一直就以神秘著称。西南地区有着十分复杂的地形地貌，分布着丰富的气候带和动植物资源，以及适应气候和地形的建筑形式。在这里，有55个民族聚居，地域文化异彩纷呈。

提起西南，脑中出现的画面就是雾锁长江，纤夫高歌；云绕山中，钟磬悠长；狭猿声，诵经声，刀剑影，变脸状；峨眉嵯峨，大理段王，贵州苗彝，说不清道不明的神境、侠义、巫秘、地穴、天坑、雨林、暗河，铺天盖地浮上眼帘。诗人李白的一句“蜀道之难，难于上青天”道出了地势的高险，三星堆让世人惊叹于外星人出世；巴人的勇敢，蜀人的文秀渐渐让众人眼中的西南蛮夷之地走近视野，渐渐融化……

自古以来西南即是兵家必争之地，同时也是福地，既有鱼米之乡的巴蜀之地，又有对外交流贸易之路：茶马古道、盐井盐道带来的资本运作使得此地既是闭合的经济循环体，又有通江达海之魅力。特别是抗战时期，容纳了全国绝大部分的文化、经济、艺术等力量，摄取了多方养分，滋养了这块土地的内涵。

在这里，有一大批人因为热爱，潜心钻研，几十年如一日，本着佑启乡邦，振导社会，研究学术的精神，一直锲而不舍地扎根在这块土地，探寻地脉，尊重文脉，研究景观规划设计在各个方面的表现和成长；研究如何向自然学习，善待土地，敬畏山水；研究如何丰富人们的公共空间，找到适应这块土壤的景观设计要素和表达途径。

近年来，同其他地方一样，快速城镇化的进程使得人们忽略了遵循自然的发展，加之审美能力跟不上，加速了生态失衡、空间异化、建筑失态，出现了许多不尽如人意的地方。但由于自然本底的优越，人文积淀的深厚和多样，相信清醒而睿智的设计者和管理者会大量涌现。西南这块土地在景观规划设计方面也会绽放出它的异彩，犹如西南酿出的好酒，酒香从来就不怕巷子深。

在这里，寄语西南的设计师们扎根大地，向传统学习；放眼未来，怀远大胸襟，相信一定能够对时代，对社会做出自己的贡献，酿出更香的美酒。

李迪华

中国生态学会城市生态学专业委员会秘书长、中国城市规划学会城市生态建设专业委员会委员、中国生态学会城市生态专业委员会委员、秘书长、中国城市规划学会城市生态建设专业委员会委员（2007 年 7 月 -2010 年 6 月）、北京市土壤学会理事（2008 年 -2011 年）、北京园林学会学术工作委员会秘书（2002 年 9 月至今）、《现代园林》编委，《景观设计学》副主编

西南一直参与了历史的领跑者角色

2013 年前后经常去西南地区的四川，重庆、贵州、广西和云南出差，机场和高速路沿线有一条宣传标语常吸引我的注意力，“狠抓招商引资，突破工业短板，做大经济总量”。这让我产生某种担忧，我国西南地区自然地理条件复杂，生态多样而敏感，人文历史资源丰富而脆弱，经不起这种源自东部沿海地区的大开发与大发展模式的折腾。尝试着和地方领导沟通，探讨这样的标语泛滥背后的原因，得到的答案几乎无一例外的是，“我们（西南地区）落后”。

“西南地区落后吗”，这个问题困扰过我很久，百思不得其解。后来机缘巧合，参加了一个在遵义市的空间规划项目，项目调研走访了很多地方，正安县是其中之一，它的邻居道真县的名称引起了我的好奇。从当地人那里我了解到一个伟大的名字尹珍，他字道真，道真县名源自他的字号。借用万能的网络，很快检索出《后汉书・许慎传》开篇一句是“许慎，尹珍之师是也。”这个发现让我大为惊讶，一方面感叹自己孤陋寡闻，另一方面心里一亮，“贵州在过去两千多年中落后吗？”

思考和探索给出的答案应该足可以推翻人们认为西南地区落后的刻板印象。以贵州为例，过去两千多年中，贵州在中国历史上从未缺席过，何来落后？近 2000 年前，尹珍开启了我国西南地区的贫民教育。或许尹珍和今天许多人一样认为贵州和西南地区落后，这样的想法成就了他做出伟大的改变行动。那至少说明那时贵州远离中原，生活在那里的人们却与中原人毫无两样地追求美好，他们寻求改变的行动影响力一直延续至今。

比笛卡尔（1596-1640）早 100 多年，500 多年前王阳明（1472-1529）在贵州“龙场悟道”。曾经两度去今天的修文县考察，造访传说中王阳明悟道的溶洞。和当地人交流，他们会刻意强调，王阳明充军贵州的时代，贵州是蛮荒之地。身为湖南人，从小听大人说“王阳明悟道在贵州传道在湖南”，甚至王阳明学说对近现代湖南人思想和文化的深远影响。以今天对知识生产和传播方式的认知推测，王阳明在贵州，若没有可以和他平等对话交流的本地人，在山洞里“参悟”出伟大思想的可能性微乎其微，虽不排除某种巧合的可能性，至少贵州那时应该绝非蛮荒之地。

1921 年浙江省嘉兴南湖的那条船上，一群优秀年轻人后来创造了中国历史。这次史诗般的聚会，贵州人仍然没有缺席，邓恩铭来自黔南州水族村寨，今天人们仍然可以造访他的祖居。贵州如此，西南其他地区同样可以找出足够多的证据，至少是两千多年来，西南地区在思想创造、改变行动方面从未落伍过。所谓“西南地区落后”不过是中原人们对于遥远和陌生的偏狭自我想象而已。今天，已经到了非改变这样的想法不可的时候了。

非常欣喜看到，至少在景观设计领域，西南地区的同行早已经行动起来。多年来，他们驻守西南，深耕西南，以西南为基地为中国各地乃至世界输送了大量优秀设计人才，创作了大量优秀设计作品，提供了凝聚坚韧、乐观、积极、轻松、多样、包容和共享的西南人文与自然价值的西南设计经验。《西南的价值——优秀景观践行之路》的出版是中国规划与设计界的一个标志性事件，在探索设计强国、设计创造美好生活的开拓性行动中，西南设计是西南人为未来和世界交出的一份独一无二的答卷。

分享一点个人探索和理解西南的心得，祝贺《西南的价值——优秀景观践行之路》出版，希望拿到这本书的人们拥有与众不同的视角审视西南和西南设计。从西南设计到中国设计，西南人正在再一次证明：西南一直参与了历史的领跑者角色。感谢并祝贺中国城市科学研究会景观学与美丽中国建设专业委员会西南学组（分会）全体同事们，祝贺并感谢所有西南地区的规划师与设计师们，各位都是西南设计的贡献者和缔造者。

加油，西南设计！

庞伟

广州土人景观顾问有限公司总经理兼首席设计师

《景观设计》学术主编

期待西南

西南中国，假如你不仅是从时空俯瞰这片大地，而且真正可以如一个人那样迈开脚步、睁大眼睛，请你打量、品尝、爱恋我们生活或者旅行着的西南，它翻腾的云雾或者江水，它不羁的崇山峻岭，它温柔的平原坝子，它赐予我们舌尖的辛辣美食，它斑斓多姿又鲜活如画的各色民族、民俗民风……

西南是中国原生景观的富矿区，不论在巴蜀抑或云贵，我们都能体会到千百年来人们如何与大地相依偎、如何和动植物相偎依、如何和天命造化相偎依的生态传统，西南辽阔而激荡，瑰丽而迷人，没有西南，中国的大文化版图，会黯然失色，会顿失风采，会生态塌陷。

在西南，文化是具体的、细节的，忽而感官忽而心灵的、各式各样的、动人心魄又出人意料的，是千年流淌的，也是天地人神的。

以“西南”造词，我会想到“西南联大”，那是中国知识界在国家危难沦丧之际，一个真正的精神高地；我也会想到“西南官话”，西南，从听觉上是方言的，它产生了方言，反过来又被方言所定义和丰满。

我一直羡慕在西南生活的人们，也羡慕在西南做景观的同行们。那里风雨有情，那里生趣浓郁，呵护和滋养生命是那样地天经地义，正如我在青城山看到的一块民国石碑，上面镌刻的文字是：道即养生。

我也为西南的同行和那里的城乡面貌忧心，城市正在变得无比巨大、同质并且非人，乡屯被廉价粗糙的建材所覆盖、所毁坏，古镇因为种种打造而变得庸俗喧嚣。最令人沮丧的，是大家从内心到行动，正逐步成为这些改变的“默认者”，甚至“打造者”。

我也借此小文祝福西南同行的联合携手，期待大家相互勉励前行，期待助力更多西南本土景观的研究和探索，希望这个专业的修习者和从业者，成为西南地方乃至国家有力而正面的力量，守望西南美好的河山大地，创造当代美好的人居城乡和家园。网络上有句话：乡愁若有力，田野有少年。让我们的心跳，永远年轻，让我们的设计，不辜负西南之灵气，西南之妖娆。

西南当然早已不是传统地理价值观念中的西南，早已不是山长水远、道路险阻、僻处一隅的荒凉之地，西南是西南人民生活的中心舞台，美丽家乡；是全体地球人当然包括所有中国人的旅游目的地，风情胜景之所在。因此尤其需要指出的是，西南的景观就应该是西南的景观，不应该是外国的、北京、上海或者深圳的景观。唤起西南景观设计创作的主体自觉，我用我自己一贯呼吁的词来表达，就是做西南人自己的“方言景观”，并由此锻造中国景观界的“西南学派”，这是我殷切的期望。

褚冬竹

重庆大学建筑城规学院 副院长、教授、博导

西南的价值

西南，这个拥有着全国四分之一面积和七分之一人口的土地，曾在 20 世纪这个国家最危难之时，庇护了民族文化、教育、工业的血脉，使得今天我们才可能有尊严地谈论着这些东西——这是我一想到“西南”，脑海里首先迸发出的“最大价值”。

但西南的价值不仅于此。作为中国古人类重要发源地之一，西南地区以悠远绵长的胸怀和迤逦秀美的山水，滋养着数以亿计的乐观耐劳的人民，也孕育出多彩绚烂的民族文化。今天，以“西南的价值”为主题，正是期望通过对这片土地的再审视、再阅读、再发掘，建立起我们与地域特征强有力的关联。而只有真正读透了这份关联，脚踏实地，未来的设计才可能触摸云霄。

“从根本上来说，价值是一种关系，是一方以另外一方为存在根基的关系”。身处西南如此丰富多样的自然、城乡、文化、民族背景，将其作为态度与行动的“根基”，才开始了在当代设计维度上讨论“西南价值”的第一步。

我们值得期待，这份来自“西南”的答卷。

目录
CONTENT

胡剑锋 创始人、总经理

对于“西南的价值”的理解

首先，非常幸运我能在西南这片土地上成长、学习和生活，西南的地形地貌是丰富的、空间多样性的；西南拥有自豪而包容的人文精神；即使深处内地，西南人的眼界和能量也都是宽阔的。如同这本作品集所展示的团队和项目恰如其分地展示了西南景观人过去几年所做的努力和尝试。相信必定在景观设计领域留下很重要的一笔。我个人非常感谢西南景观行业给予我从业的机遇，使得我有机会在景观设计、建造、管理及运营多方面历练成长，我也非常自豪作为西南景观的一分子。犁墨景观未来也会继续保存敬畏之心，秉承独立、敏锐的专业精神，为景观设计行业、为“西南的价值”而努力。

万山 创始人、设计总监

对于“西南的价值”的理解

西南偏隅地方，地形变幻，有雪峰、丘陵、峡谷、沟壑、平原……所以心中有景；又因与恶劣的自然条件斗争，所以皆吃苦耐劳，凡事必抖擞精神。如果说西南景观一枝独秀，想必是心情开阔之故；如果说“西南的价值”所在，应该是“认真”二字。

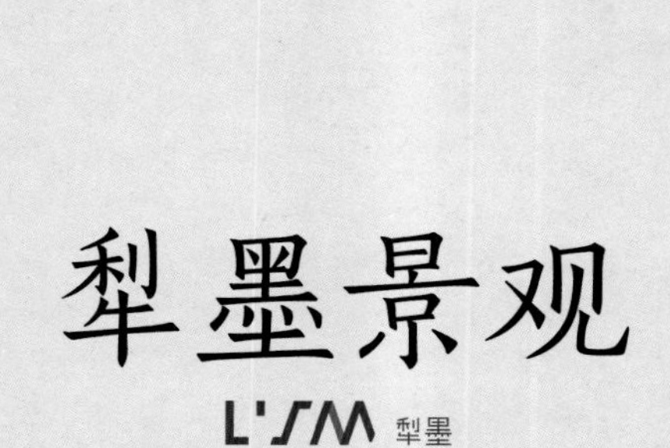

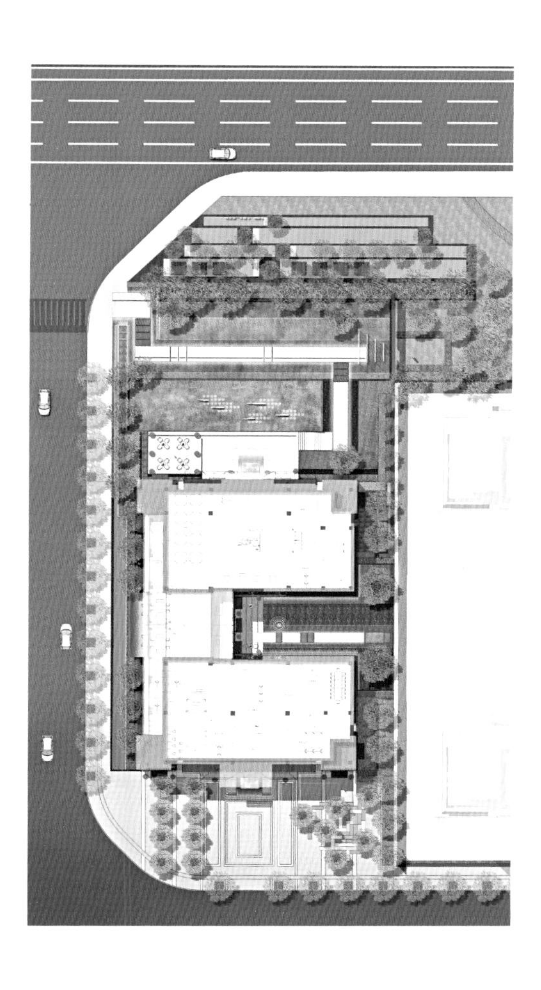

融创香璟台

设计时间：2017 年 4 月—7 月

项目位置：成都天府新区新川创新科技园

项目规模：101 500 m²

示范区：3100 m²

业主单位：融创地产

“大都会风格，以纽约曼哈顿街区为蓝本，精致尊贵的奢适华宅。”建筑设计对项目的整体风格定位，融入景观的设计手法，希望将大都会特质进行一次创新。设计之初，前场相邻市政绿带不能被示范区利用，并尽可能不触碰带状公园的整体性。为此，项目团队放弃了气势中轴的思路，思考着如何营造一个现代艺术格调的场所。尝试多番，团队确定通过景墙及转折形成前场围合庭院的方案，从侧面进入售楼部。

前场以形式感的设计语汇构建空间，转折的参观动线与二级错台水景，使建筑、人和天空形成密切的互动，建立虚与实、有限与无限的对话。方形元素的运用起到了分割材质与时空交织的效果，形成富有幻化的空间演绎。几何特征形成强烈的序列性和视觉延伸感，形成感官错觉和视觉冲击。在紧张工期及严苛的成本控制下，对材料的选择及准备、工艺的处理及细节的把控，是项目呈现的关键。从拉丝面不锈钢的拉丝大小、颜色深浅，到使用中不同阶段呈现出的效果，都做足了思考与预期。同时，使用仿洞石瓷砖作为主体铺装材料，对工艺和技术都是一种极高的考验。且在成本控制下，未损失任何关键细节的呈现。

SUNAC

A FASHION SHOW ABOUT THE METROPOLIS

SUNAC

WALKING INTO THE SKY

后场是一个 10 m × 23 m 的建筑围合空间。展示冥想，呈现出清澈、简洁、空灵的品质感。材质的搭配、元素的交织、几何语言的组合，是塑造美的过程，也是展示空间气场的手法。

清晰的镜面反射，将原有空间平行拉伸至不可触及的三维空间中。动态的跌水和静态镜面的配合，引导出幻境的哲学隐喻思考。一扇沟通心灵的大门，模糊了人与景观的界限。镜面中的景象，隐喻着人、自然和城市的双重意义。由此，走进天空，走进自己，走进无尽之境。

我们认为优秀的示范区景观，不仅应当反映此处未来生活的美好，更应当从中折射自己的生活，细致品味后，体会到设计的用心。

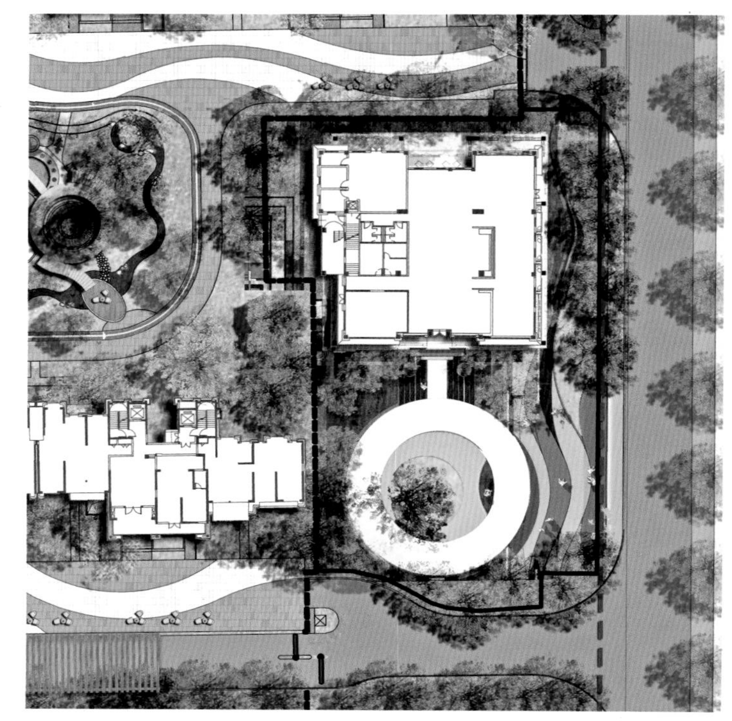

中南 · 熙悦

设计时间：2017 年 2 月—6 月
项目位置：武汉东西湖区
项目规模：26 000 m²
首开示范区：2000 m²
业主单位：中南置地

项目位于武汉东西湖区，古“云梦泽”之地，景观追溯历史文化记忆，云梦山林之魂，在宁静之栖 ，在自然之居。

嘈杂的施工环境给不足 3000 m² 的示范区带来诸多影响，我们用圆形构筑创造特定空间。“圆”特有的包容感协调场地内外的纷扰，营造自然的静谧。圆的向心力也恰好诠释引导视线的方式。天井的设计为项目带来更多光影变换，向内扩散，恰如其分地将情绪糅合，让人们流连忘返。

为了使整圆结构完整落地且圆形廊架内侧无立柱，设计师经过反复试验推导，选定立柱单臂悬挑结构，用白色铝单板包裹，精致序列延展空间，立柱上投影不同的光影效果，指向圆心，强化中心神圣感。中心池底暗纹水晶黑异形加工，地面线条及立面纹理的统一语言，共同诠释古“云梦泽”水流与滩涂的历史记忆。古“云梦泽”濒水临湖，本就是诗意居所，湖的形态形成的设计语汇也增添几分灵动与娴静。这里原是麋鹿的栖息之地，这种能与之为友的动物，代表着皇家的贵族之气。两只麋鹿的雕塑放置于视线中心及路径转折处，金属铁丝编制而成的麋鹿、疏密有致的变化、渐变的大尺度圆环与中心构架遥相呼应，充斥着梦幻和隐逸的意味。

转折进入的后场，整体干净简洁的线条延伸至交付区域，用金属铝板饰面景墙、错落的石柱组合，显现纯粹又虚幻的光景。

BELIEF REGRESSION
中南·熙悦

荣盛华府

设计时间：2017 年 6 月—10 月

项目位置：重庆南岸茶园

项目规模：15 000 m^2

业主单位：荣盛地产

根据营销市场定位的客户画像，在荣盛华府项目中，针对客户对生活格调及文化诉求融入更多诗意栖居的生活场景。借鉴当代中国画坛山水画家胡若思先生山水画作的线型及山、水、林、云的意境，形成景观设计语言。

入口两侧规则的水景伴随回家之路，穿过售楼部以归于静逸之心，体验文人居士般的场景。整体以简洁的手法，处理材料拼接及软、硬部分的交织，静水、跌水的穿插，过渡融合的节奏。“林尽水源，便得一山，山有小口，仿佛若有光。”——《桃花源记》。在前场与后场的转折中，取著作中的一段场景还原创造生活的氛围。极致曲线创作出山水与绿地的交融，仿佛山水画描绘的生活情境，静谧、延续。在前序引导景观与大面水景带起的情绪起伏后，以柔和曲线与碎石拼接方式，婉言情景叙述的过渡，引导居住者去往住所，两侧乌桕、毛竹成林，归入林中绿意，感受隐居的惬意生活。用廊架分隔空间并阻挡视线的穿透，U 形廊的设计使回看的林下区域成为连续的画面。穿过廊架到达样板居所，归隐于林间的宅院，以山、水、林、云的诗意情节，创造归、心、居、舍的生活场景。

生活格调与文化的体现，始于山水的抽简，归于礼序的推演。

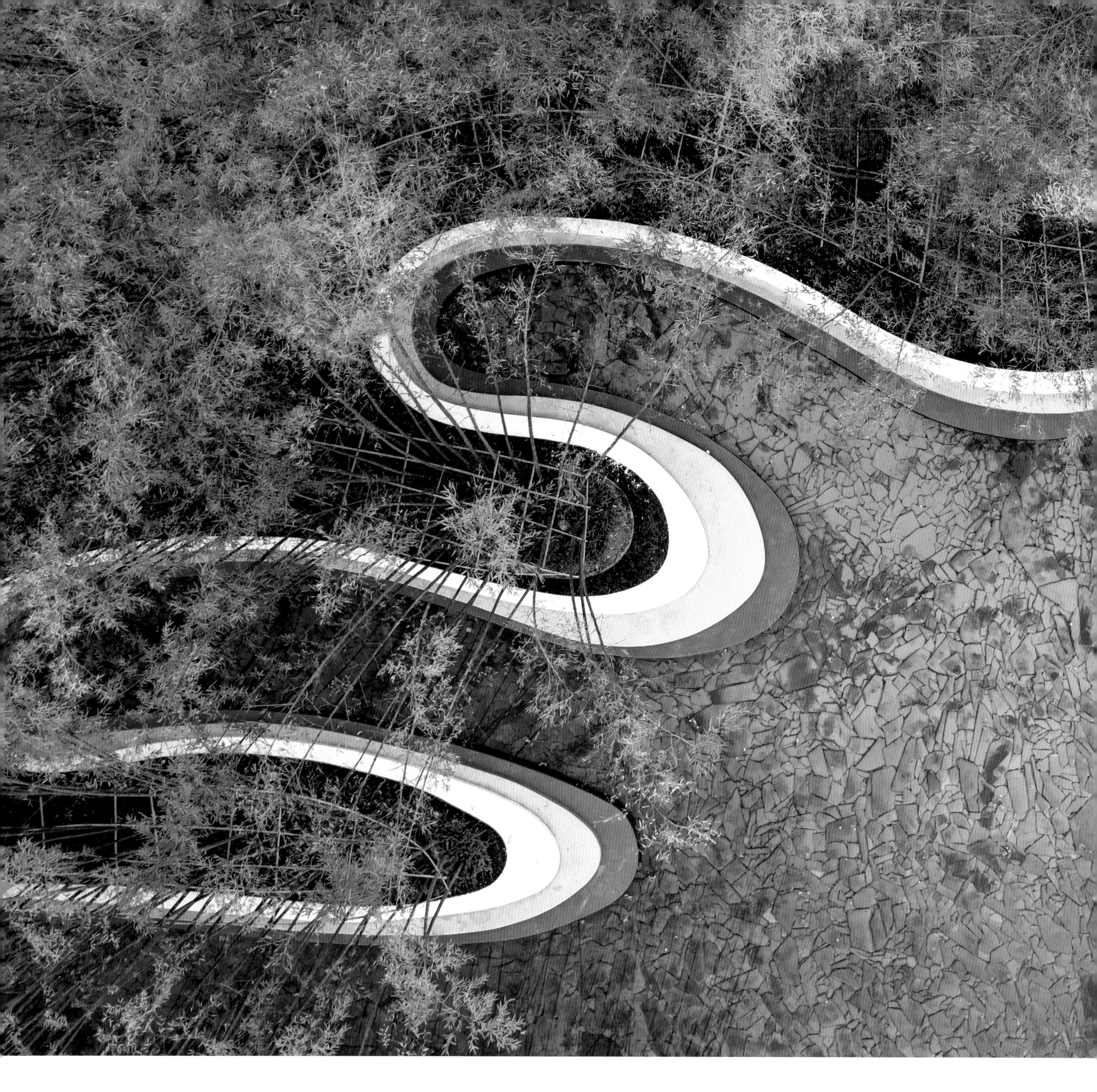

黄永辉 创始人、总经理

对于“西南的价值”的理解

在西南崛起的时代，作为设计从业者来说，只有深扎于西南这片有着秀美河山、瑰丽人文的独特而丰富多彩的土壤，并真正读懂西南，才能在设计上创造性地关联自然与人居，融合空间与美，为客户提供诗意憩居。

沃亚景观

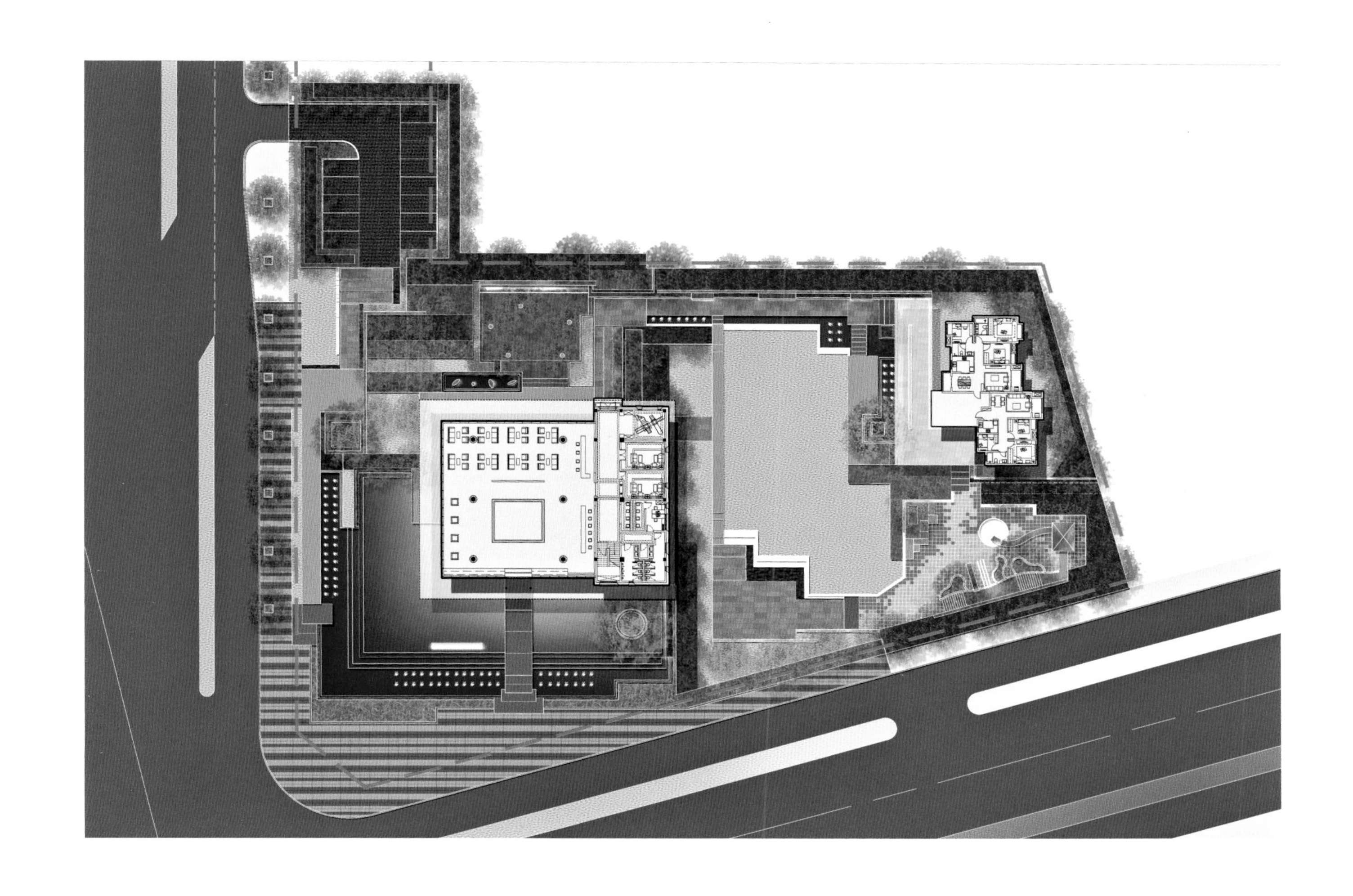

阳光城 · 丽景湾

项目位置：苏州市吴中区甪直镇
设计单位：沃亚景观
建设单位：苏州阳光城
设计周期：2015 年 12 月—2016 年 1 月
建造周期：2016 年 4 月—6 月

项目概况

阳光城 · 丽景湾位于苏州市吴中区甪直镇板块的核心区，与苏州工业园区隔水相望。样板区从建筑玻璃盒的晶莹剔透，到景观的清新纯粹，在中国风盛行的当下，如一股清风，让人耳目一新，是阳光城集团近年来的创新产品。

景观特色

未来阳光城 · 丽景湾会是一个以时尚、活力为主的年轻化社区，景观衬托的区域特性， 营造了一个既时尚又具有清新感的酒店式样板花园，为来访的客户们提供了一个可以盛下所有童真和梦想的醇美之地。

阳光城·丽景湾

现代纯粹的“酒店式”入口前场

因为建筑的外形是非常炫酷的玻璃盒子，具有极强的昭示性和气场，景观尽量衬托建筑，突出纯粹再纯粹的气质。入口处，简单直接的“石桥”指引客户进入样板区；铺地干脆利落，大片的静水面纯粹、干净；造型优雅的乌桕孤植在静水面中，点缀画面。

闲适的林下时光

该项目的愿景之一是打造充满活力和具有浪漫氛围的景观空间，我们在后场设计了温馨怡人的洽谈花园，高起的镜面水池将洽谈花园一分为二，临售楼部建筑的一侧，将室内的洽谈区延伸到户外，室内外相互交融。

iHome

“酒店式”的后场草坪

在样板房和售楼部建筑之间设计了纯粹的大草坪，趣味水景、廊架、绿植背景墙、休闲平台和儿童主题空间都围绕着它展开，形成集功能和趣味于一体的视觉中心。

样板房前的廊架灰空间，在设计的过程中三易其稿，在要与不要之间与甲方进行了专业上的抗争与说服。最终，廊架的落地成了后场区域的亮点，极具画面感的场景，给客户留下了深刻的印象。

不一样的原创童趣空间

交房区主题鲜明、惊艳的儿童空间是设计的重点，所以将示范区的儿童场地作为“体验样板”，让客户感受未来的居住氛围。儿童场地为样板区量体裁衣，以儿童的视角和体验为原始出发点，用一体化的设计手法打造两个不同的主题空间，注重色调与元素的搭配，真正做到了趣味性与参与性，给小朋友带来全新的体验。

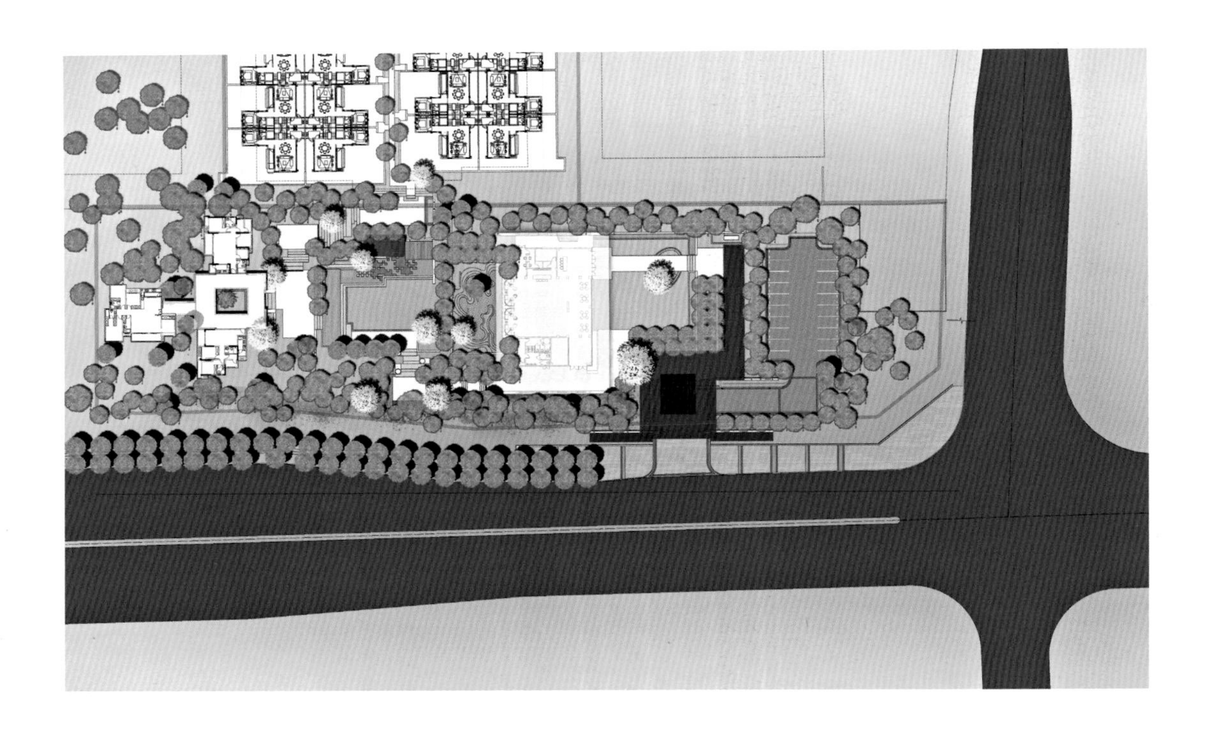

金科金辉·美院

项目名称：金科金辉·美院
项目地点：重庆市北碚区蔡家
设计单位：沃亚景观
建设单位：重庆金科地产
设计周期：2017 年 4 月—6 月
建造周期：2017 年 7 月—9 月

项目介绍

以理想栖居《桃花源记》为蓝本的金科金辉·美院，是我们对时下人们返璞归真生活的一种描绘。设计中如何表达具有东方禅意的隐士生活亦是本项目的重点所在。

金科金辉·美院位于重庆市北碚区蔡家，毗邻嘉陵江，拥抱滨江公园，周边配套齐全。示范区景观面积 10 200 m^2，基地内部高差达 10 m，在有限的空间里如何化解及巧妙利用大高差是设计的最大难点。经反复推敲，设计最终将场地合理分为三大台地（售楼处前场、儿童区、实体样板房）。归家体验自低而高，形成了迂回有趣的空间，层层递进、小中见大，用设计的语言描绘出一幅可行、可望、可玩、可居的山水林泉画卷。

·入画——初逢山门

入口作为访客的第一印象，我们将设计拓展至市政绿化及人行道，以塑造空间的整体感。摒弃当下新中式做法，注入酒店感，精致细腻又不失简洁大方。加大形象面宽，门头简洁大方，用素雅高墙塑造出深宅大院的气势与稳重感，门廊做出酒店落客区的尊贵感。对景流水墙取意山水，抽象表达水帘洞之意，引人一探究竟。

·探幽——曲径通幽

一转，踏着泉声拾级而上，单边回廊深邃的画面迎面而来。雪片般飘落的李花随水而下，光与影、泉与音，精致斑斓、层层递进，把人引向远方；尽头处光线渐亮，仿若别有洞天。

·豁然——水镜明堂

再转，空间豁然开朗，纯粹干净的镜面水，把晶莹剔透的建筑全部倒映入画，建筑与环境融为一体。海浪花石材铺筑的迎宾桥、两侧水面升腾起的薄雾，让人恍惚间仿佛身在仙境。

后花园依旧场地高差呈现出一幅枯山水画卷，与前场相得益彰，并且成为室内的背景山水画，卧坐在休息区，感受沉静之美。

·朝梦——流光蹊

走出售楼部，拾级而上，在高差处理上，时而花树夹道，时而惊喜回转，时而一片绿境。在细节上融入艺术手法与趣味性，充满艺术格调的后场庭院空间让人充满惊喜。

山间的儿童乐园，是为全龄儿童定制的游乐园，集惊喜感、探索性与互动性于一体，给每个孩子留下一段美好的童年记忆。

三栋异地样板房通过风雨连廊围合成院，寥寥置石、一立花树，勾出枯山写意与售楼部后场山水画卷一脉相承的景致。

·隐仕——餐松饮涧

踏着错落的石阶，寻着水声，在柚子树林间的步道上清洗身心，在繁花盛开的深院宅间褪去疲惫。轻轻推开铜门，几朵梅花探头而出，偏廊内置一组茶几，邀三五好友，几缕茶香袅袅而升。入则静谧独享，出则繁华尽揽，一宅一生，一院一家。

身处苍穹之下，城市的喧嚣与人群的浮躁让你有那么一刻，想逃离。

归隐恬淡如诗的美院，正是为您构筑的理想之地。

艺术体验中心

艺术体验中心

THE JUNGLE BOOK
CONFIDENCE
PATIENCE
IMAGINATION

金科 金辉
美院
ARTWISDOM

开启大院人

陈普核　总负责人

对于“西南的价值”的理解

“西南的价值”为西南景观的发展提供了很好的方向和渠道，同时也有效地提升了西南整体景观行业的水平，希望西南景观通过这个平台可以和外界更好地交流与学习，走向全国，走向国际。

道远景观

dAOyuAn

LANDSCAPE

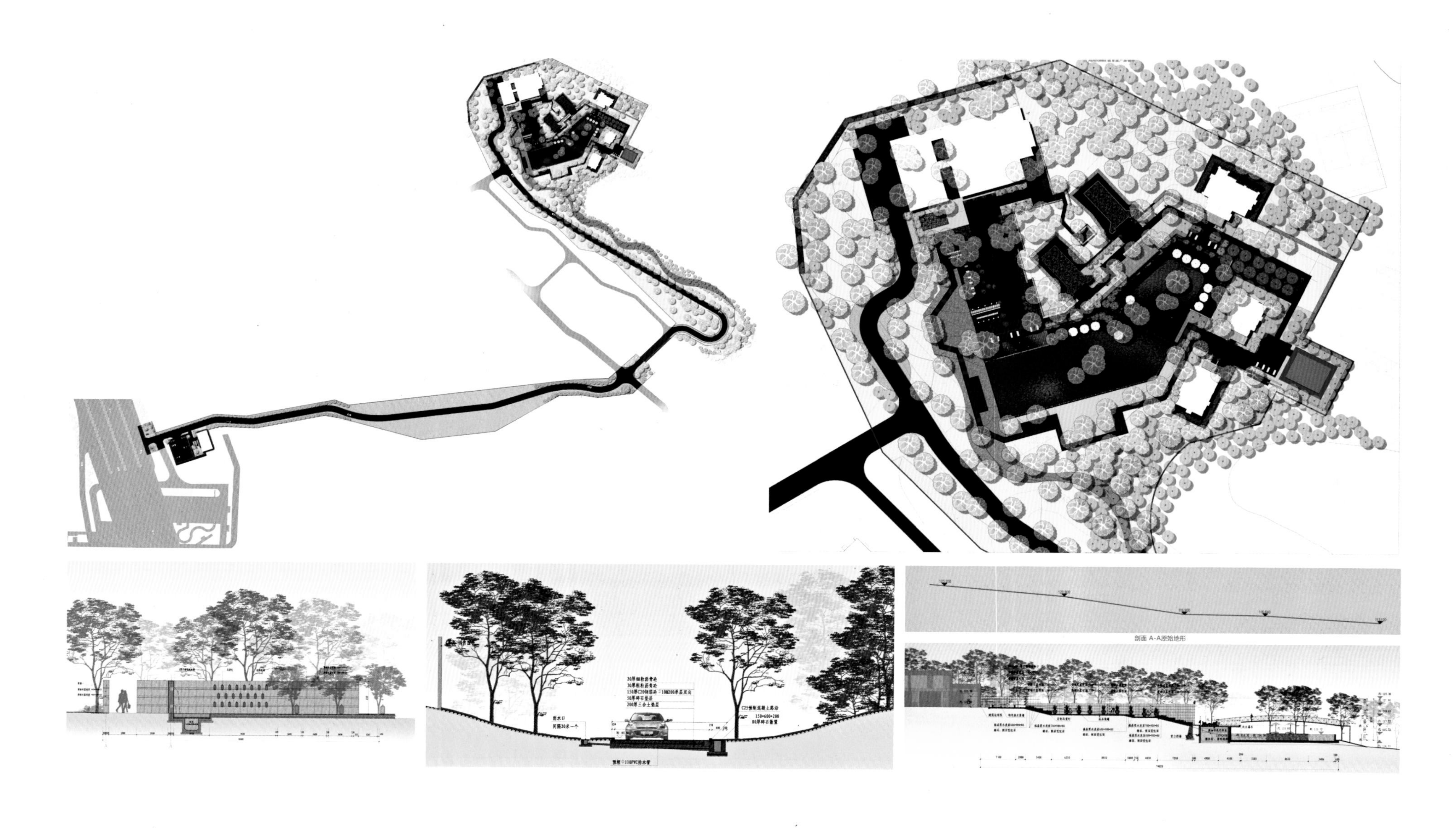

南宁万科城

设计时间：2014 年

项目位置：南宁青秀区长虹路 7 号

景观规模：23 640 m^2

建设方：南宁市万科城房地产有限公司

以自然生态为核心理念，几百棵原生大树得以保留，体现对自然最大的虔诚与尊重。我们在没有破坏任何地形地貌的情况下，因地制宜，用影响最轻的方式去组织森林里的空间，让空间体系与森林完美融合，借助光影变化，让空间产生更多变化与延伸，焕发场地的魅力。

此区域内生长着各种原生大树，主要有台湾相思树、橄榄树、香樟树、松树等，保护大树成为设计的第一要务。设计依山就势，于高处架设观景平台，于低洼处打造景观游泳池。会所与泳池连接处依据山地高差塑造三级休闲活动平台。为了保护原有大树，前期方案设计阶段，设计师驻扎现场半年，对需要保护的大树进行标号测点并落实到设计图纸上。后期实施阶段，设计师再次进驻现场，与万科设计部、施工方三方共同努力，将保护大树作为第一要务落实到位。设计游泳池时，设计师根据现场地形及大树方位关系，反复推敲，最终绘出泳池的形态：在泳池中央分别有两组大树，设计顺势圈出两处小岛，将大树包围在岛内。泳池与场地浑然天成，它犹如镶嵌在森林中的一块翡翠，充满灵气。在泳池四周还打造出多种休闲观景平台，用做人们休闲交流活动的场所。现场特别保留了原有酒窖，设计师利用高差关系于酒窖顶部打造惬意的观景平台。另外特别针对儿童活动需求专门开辟一方儿童活动天地。还设置吧台活动区、吊床区、廊架空间等，加上原有的酒窖屋顶休闲区及未来的健身会所，将形成一处独有度假酒店特色的泳池景观区。

龙湖 · 舜山府

自然里生长的设计力量

设计时间：2017 年 6 月

项目位置：重庆照母山星光大道旁

景观规模：25 000 m^2

建 设 方：重庆龙湖地产

概念设计：SWA Group

方案设计 / 施工图：DAOYUAN / 道远景观

以山上的房子为核心价值点展开设计，为了保存原生地形地貌，所有场景依山而建，尽可能保留原有自然资源，包括每一寸土地的丈量，每一株乔木的编号保护。这一切，不仅为了追求设计的空间感，而彰显敬天地重自然的虔诚，也体现这个项目的核心价值。为现代都市人提供一个隐匿于市的桃花源居所，打造三门五感十二景的空间体系，给客户带来极致的山居体验。

我们时常为了逃离城市的喧嚣而选择照母山，感受那一缕安宁与绿意。却不知，有这么一处隐匿于市，犹如桃花源，立于照母山之巅，藏于群山之中，美得不染世尘之府。身处其中，每个细胞享受着负离子的滋养。一切都是大自然的馈赠，无与伦比。她就是照母山之上藏山大宅——龙湖 · 舜山府。

前期设计团队对现场进行了数十次实地考察，从不同角度去感受照母山自然的力量。在人迹罕至的茂密丛林中踏勘，感受标高变化，记录大树位置。山中一草一木，已经了然于胸，这为后期的设计提供了一个扎实的基础。为了尊重这一片山林，创造无与伦比的观赏体验，在工作初期道远团队和龙湖景观团队根据对照母山的理解进行频繁的头脑风暴和互动，做了很多尝试。

在概念阶段与 SWA 的 workshop 中，对龙湖 · 舜山府展示区的格局再一次进行了升华。首席设计师 James Lee 认为设计应该是创造一种人居住环境和自然的平衡点，在改造过程中保留和发扬山居的品质才是重点。场所体验在设计师看来非常重要。SWA 在设计中尽可能地利用场地的特性，创造出不同的空间感。有些坐落于高台之上，有些营造层叠下沉的感受，有些开放，有些紧凑。而这些不同的空间所组成的远离喧嚣的山间仙境就是我们所追求的。

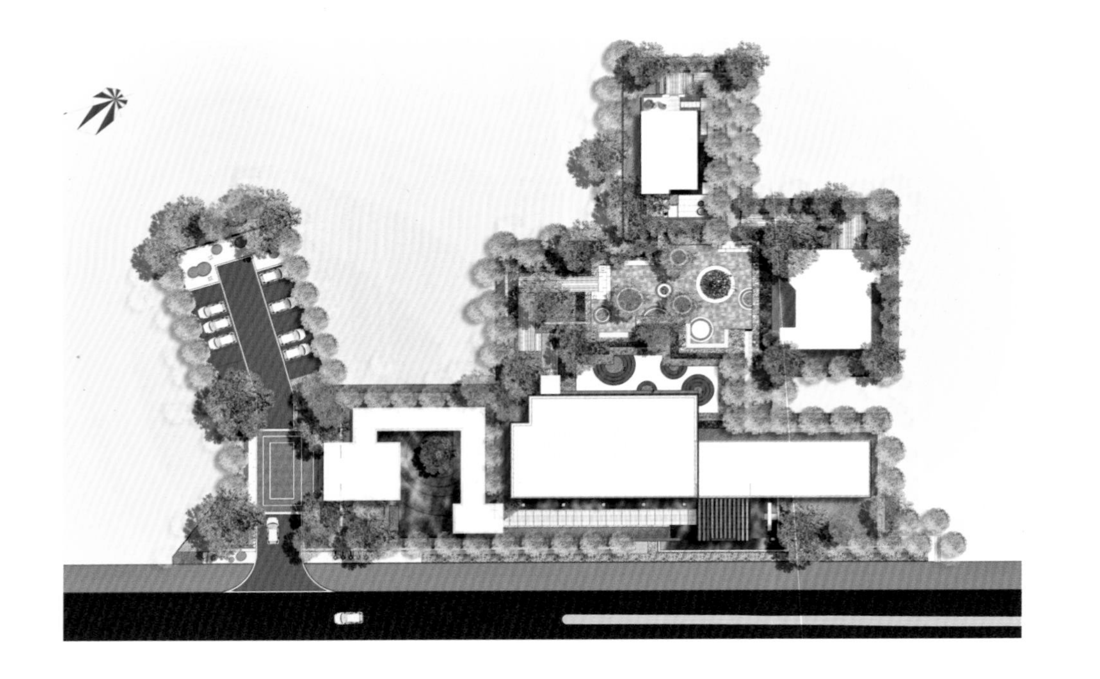

龙湖·西宸原著

清雅小空间，触动的却是我们内心最深处

设计时间：2017 年 9 月

项目位置：重庆市大学城科技学院旁

景观规模：5000 m^2

建设方：重庆龙湖地产

我们想到以场地被雨水击打形成涟漪的场景为核心，结合展示区内多处水滴涟漪的小故事，将整个展示区串联起来，清淡中带点小优雅。我们将传统材料的新用法融合到整个体系中，希望质感冲突带来的视觉新感受，能给我们的客户带来一些惊喜。

展示区的面积只有 4300 m^2，现场条件比较恶劣，售楼处整体风格偏现代，早初建筑建议景观往府苑风发展，运用递进式空间，形成空间序列的转换，以达到小中见大的效果。

主入口的设计结合景墙的方式，通过一些竖向元素进行界定，用角钢和石材结合，呈现竖向线条立面装置，自然形成一个比较清新的入口效果，而非市场主流厚重大门的效果，同时结合主题，设计一组装置性水景，让整个入口变得更灵动、更艺术化。

涟漪庭院将人行入口和售楼处过渡，自然也成为焦点。用连廊串联整个空间，让光与影在这里写下生活的诗意。浅灰色无序的竖向格栅和透光玻璃的组合，被深色的涟漪水院轻轻托起，一切都那么轻，那么淡雅。站在回廊内，夕阳下，温暖的阳光透过玻璃轻轻洒在她的脸庞上，恍如初见的回忆。

为了增加涟漪庭院的趣味性和故事性，我们通过一个小程序营造雨滴打落到水面产生涟漪的效果，辅以柔和的点式灯光若隐若现，犹如精灵般出现消失，如梦如影。

后花园在语言上结合涟漪的形体方式，方正的空间形体和圆形的涟漪形成咬合关系，空间上丰富而有序，增加了互动性和参与性，营造一个温馨而有趣的后花园。

立面用芝麻黑荒面的质感和精致的地面铺装形成质感的对比，周边通过碎石的过渡，形成现代而干净的空间体系。

圆形的花池漂浮在整个场地上，搭配线形灯光，营造出温馨的空间体验，植物突破常规手法，场地主要以大乔木搭建大骨架，形成林荫效果，灌木则运用大量的观赏花草营造极具风情感的沙漠风，让后花园焕发新的场景体验感。

EMERALD MANSION
龙湖·西宸原著

龙湖·西宸原著

陈玉容 总经理
王 轶 设计总监
及 莉 项目经理

对于"西南的价值"的理解

"西南的价值"体现在构建西南景观生态圈，作为起点，影响全国。西南地区有非常棒的设计学校和设计企业平台，还有大量的项目实践机会，这就是这个时代"西南的价值"。

承迹景观

ChanGe 承迹景观

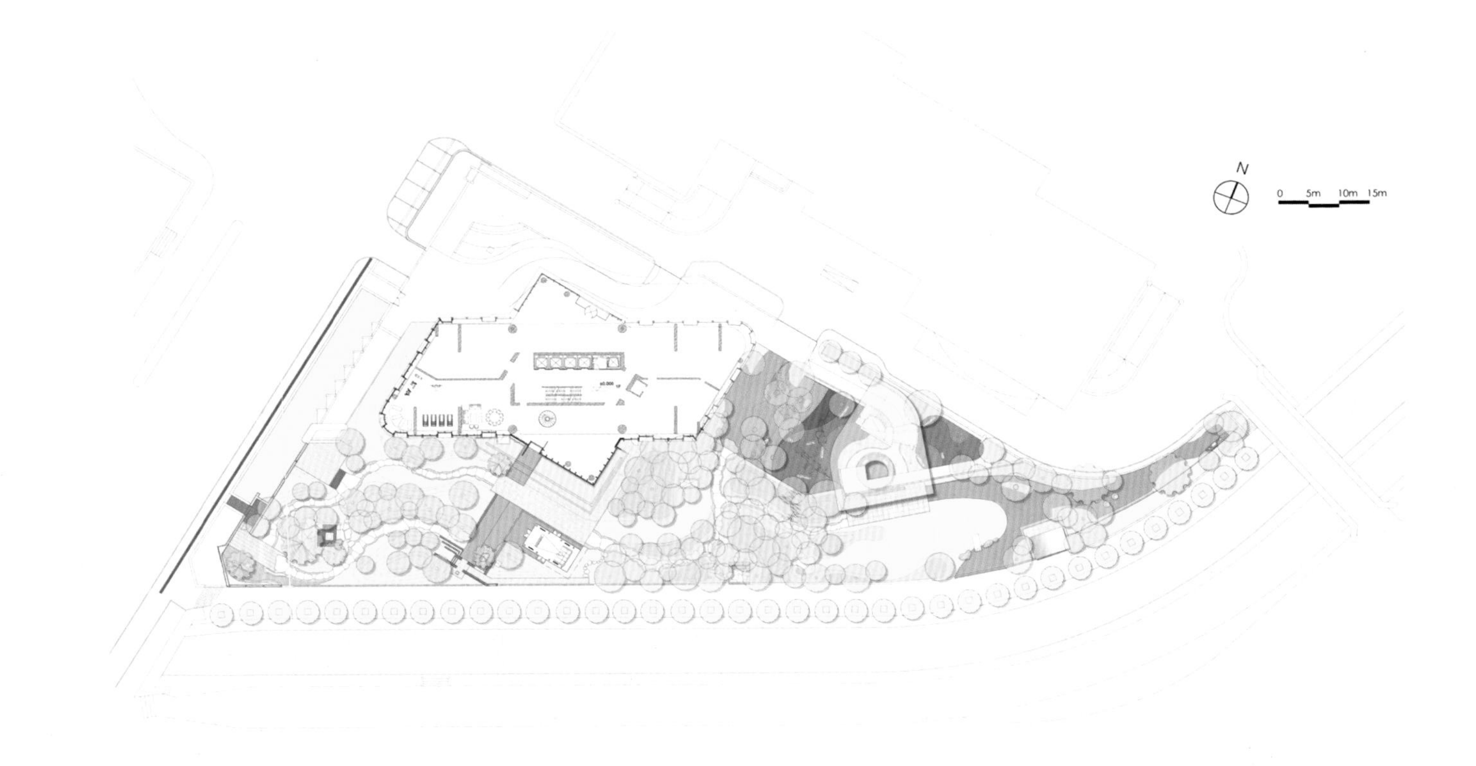

如诗的光影

项目名称：北京梵悦万国府
项目位置：北京东城区
占地面积：20 000 m²
设计时间：2016 年
建成时间：2017 年
委托方：梵天地产
景观设计：承迹景观
景观实施：吉盛园林、承迹庭林
家具品牌：壹臣钜森
雕塑艺术品：张兆宏
摄影：王宁、承迹景观

北京梵悦万国府公寓景观，是我们对旧址改建的又一次实践。设计的魅力源于一个个问题的被梳理和解决，而崭新的空间能让场所焕发新的生命。

项目位于北京东城区东直门小街，周边街道繁荣。项目的公寓楼被重新定位和改建，旧的室外环境已无法满足新的需求。我们这次的任务是对项目景观做整体的总承包，包括从景观定位、成本预估、景观设计、软装方案到实施工程，这样我们能非常深入和彻底地对项目进行管控。对于设计而言，此时公寓外环境改造的难点在于：1. 原场地主交通以及场所功能需要被利用；2. 建筑配套设施占用并割裂了中心区域；3. 原有植被相当杂乱，且要做一定保留；4. 新的定位能够赋予场所独有的内涵和意境。

构想

在新的定位下，我们并没有选择直白的、符号化的方式回应项目的诉求，而是希望创造空间体验来实现环境舒适的、有趣的感受，让人在回家的游憩过程中充分享受空间的变化。并且它是一种自然的状态，又不同于传统的中国园林，应该是符合并引导当代人生活、审美的共享环境。为了让重新定义的景观在不经意间自然地发生，我们从主题叙述空间入手，重塑原有不利条件，物料运用上体现材料的质朴与厚重，还有就是做到植物选择与搭配自然的状态。就这样在新规划下，重塑了环境主题。一切就这样美妙地开始，自然、轻松、不留痕迹，让人感受到处处精细。

空间需要用时间去解读，而光影是见证时间的诗。

在空间游戏里，光影永远是设计师高雅、完美的表达。建筑设计师总爱用光影的变化赋予建筑生命。在外部空间设计方面，由于环境的复杂和多变，很难用光影来塑造空间，在本项目我们做了这方面的尝试。本项目需要处理两个层级的空间：一是城市与内部院落的分隔；二是主要活动功能的组织。

在第一个层级里，我们希望它是一种完全不同的体验，进入公寓就是从“城市空间”到“光影塑造的空间”，光影空间代表了舒适、安全等一切家的主题。为此，我们种植了一片树，形成了光影，它是宁静的，能把城市的喧嚣阻挡在外；它细腻柔软的枝叶在地面石径上光影斑驳；它会讲故事，叙述着孩童们林下成长的欢乐与烦恼；它的变化让时间都充满了魅力。

第二个层级，我们用光影勾勒场景。场所的主要功能区被原有建筑配套设施分割，针对零碎的建筑设施体块，用叠加、整合的方法给它赋予新的功能。向内，建筑墙体和镂空顶面界定具有围合感和安全性的孩童游玩区。对外开敞部分，自然的墙体肌理和屋顶构建的光影则勾勒出中心草地以及重要休闲场所。此处，发现对侧的围墙上会洒下墙外摇曳的柳树影。顺势而为，干脆设计一段“追光的墙”，在草间铺洒下诗一般的光影。

材料选择和实施过程就是对畅想的实现。最普通的材料，如，芝麻黑石材、胶粘石、年轮木，甚至是虎皮石都在本项目展现了它们独特的语汇。鸡爪槭、红枫、元宝枫等各种常见的枫科类乔木通过精心、自然的搭配形成了纯粹、舒适而优美的林下空间。从光影跳动的地面延伸到机理斑驳的侧影，从炭化的木质年轮地铺到交错生长的花境，它们自然地生长出来，仿佛不经雕琢，但又精致用心，焕发着新的精彩。

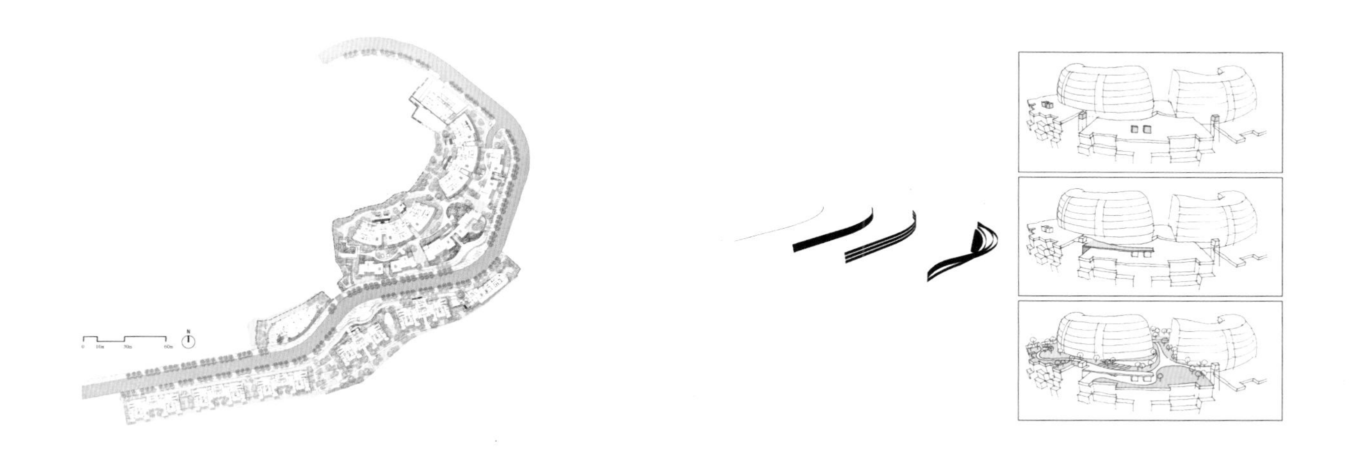

天空之镜

项目名称：重庆鹅岭峰
项目位置：重庆市渝中区
占地面积：40 000 m^2
设计时间：2016年
建成时间：2016年
委 托 方：新加坡城市发展（中国）有限公司
建筑设计：Safdie Architects
景观设计：承迹景观
施工单位：吉盛园林
摄　　影：Andrew John Lloyd、承迹景观

2016 年，我们参与了一项在城市最核心、建设最密集的区域对高品质居住环境空间进行改造的任务。项目拥有俯览城市的视野、背靠鹅岭公园的生态绿地、著名建筑师完成的个性十足的居住建筑等，众多因素都成为我们为之兴奋和思考的源头，但工作开展又困难重重。室外已建现状让优质资源减弱，主要表现在超荷载的竖向关系、模糊的交通体系、粗放的功能和建筑与景观的脱离。而面对困难，我们对环境进行了适度拆除和空间重构。

重构

设计延续弧形建筑优美的线条，在室外重构了交通体系和功能空间。新的景观功能把建筑退台的形式延伸到室外，形成观景平台，并且遮挡住了一些建筑设施并不美观的细节，比如风井、采光井等。

勾勒

室外空间并不富余，但室外最美的景观就是把城市的美景尽收眼底，大有一览众山小的气势。我们想把这样的景色深刻地留在人们的感观当中，舒适的空间又能让人停下脚步。我们用一条安静的水带勾勒了空间边界，它又是连接不同竖向台地的要素。水带在视野最佳的地方汇聚并展开。此刻，它就像一面镜子，把天空、城市和环境倒映在一起，很安静，让人充满想象。

缝合

通过新的交通体系，我们把重构的功能和建筑缝合起来。在回家的庭院里尝试了更自然生态的种植和舒适的院落结合。每一处的小空间就像孕育出来的生命一样让人惊喜，充满生机。

整个项目的设计和施工过程高效而富有挑战。我们同建筑设计师经过多次的探讨和研究，让建筑和景观高度整合。并且在施工过程中，我们几乎每天都在现场同施工单位一起处理场地丰富的竖向变化和精致的细节表现。这是一次很好的协同设计，也希望有更多这样的尝试为居住环境带来更多有趣的体验。

邓仁俊 合伙人 设计总监

对于“西南的价值”的理解

西南有广袤的土地空间，美妙的地貌形态，多样的生态境域，丰富的景观资源。极具魅力的大地养育着勤劳的人们，孕育着多彩的地域文态。西南景观人从入行就要学习应对复杂的设计条件，感悟这片神圣的土地，生发灵感、心存敬畏、执着前行，向人们展现有特色、有灵魂的美。

道合景观

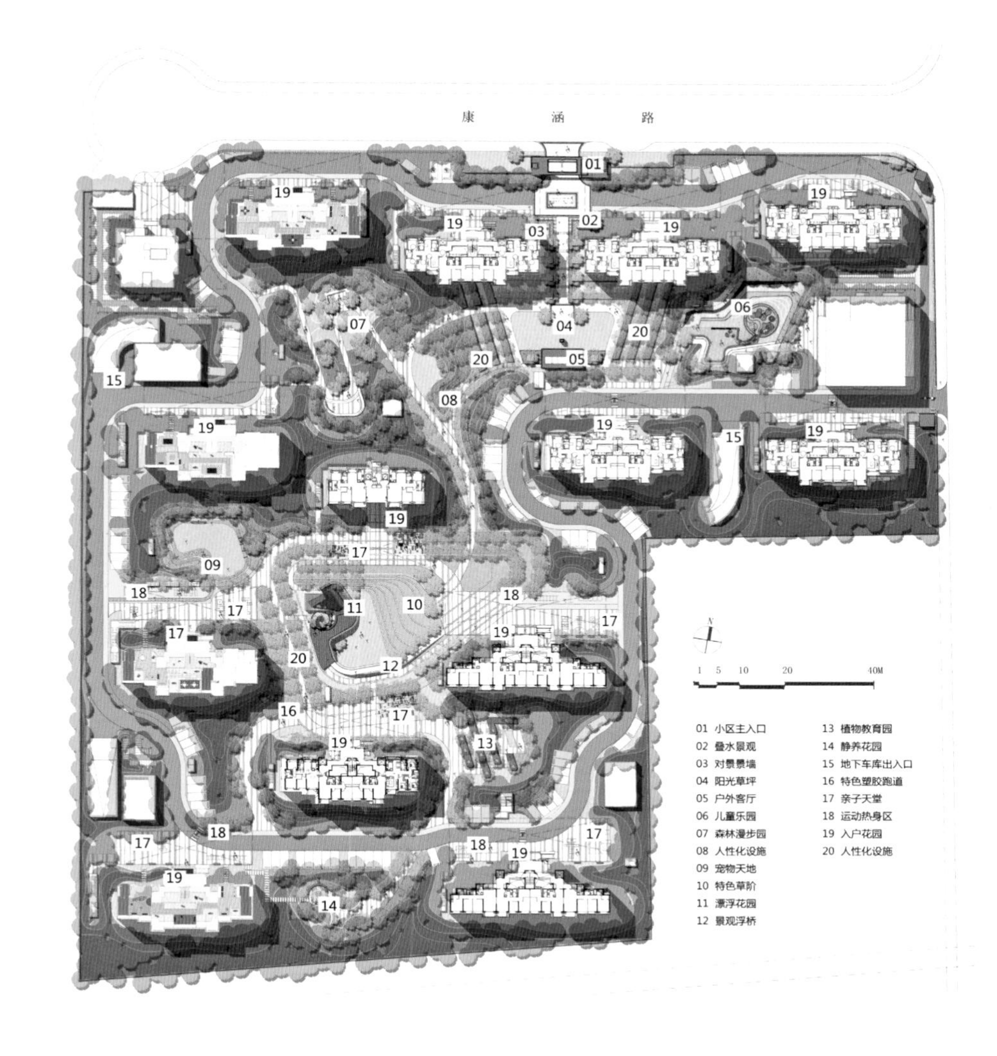

上海 · 世茂 · 云图

项目名称：上海 · 世茂 · 云图

设计时间：2015 年 3 月—2016 年 3 月

项目位置：上海市浦东新区

景观规模：50 000 m^2

建 设 方：上海世茂集团

摄 影 师：潘光侠

项目概况

项目位于上海陆家嘴周浦镇，交通便利，周边繁华，为陆家嘴金融中心旁的高端住宅。项目定位为中高端高层居住社区，产品类型为高层，建筑风格为现代风格。

设计理念

“4D 绿谷”——整体设计将人性化的功能与细节的思考融入 3D 景观。在一个 3D 的空间结构上，结合艺术与功能设计，实现更多元的层次与空间的变化，以突破平面景观空间的界限，拓宽人们的活动范围，形成多层立体生活圈。

本项目旨在探究那些在上海为梦想打拼的奋斗者的生活状态，用景观的方式给予他们认同感与归属感。

地块现状条件中的诸多难点

· 消防通道与消防扑救面占据中庭大部分空间，且须全硬化。

· 地面新风井较多，且最大的新风井位于中庭中央，景观空间整体性被打破。

· 如何在低成本的限制之下，打造出具有品质感的住区环境。

景观设计采取的设计策略

· 将消防融入景观作为主要硬质空间，其他区域主要以软景打造。

· 利用中心通风井设计多层活动空间，增加景观亮点。

· 重点打造客户敏感的入口与中庭区域景观，其他区域次要打造以平衡造价。

园区景观为现代风格，整体呈“一心一环七点”的结构。位于中庭的漂浮花园是设计的重点和难点，设计师利用中庭 2 m 高的通风井，将活动空间架空或下沉，形成多层穿插的景观活动综合体，上、下的休闲空间为人们提供不同的空间感受。同时，团队探索出完善的园区跑道系统、消防登高面处理系统和停车系统，将登高面与消防通道完全融入景观场地，兼具美观和实用功能。尊贵入口、户外客厅、全龄儿童活动场地、森林漫步园、宠物阳光训练场、植物教育园、静养花园七个景观节点合理分布于园区内，为人们提供多种景观活动空间。值得一提的是，在景观的每一个细节中，都包含了设计师对人性化的深度思考。

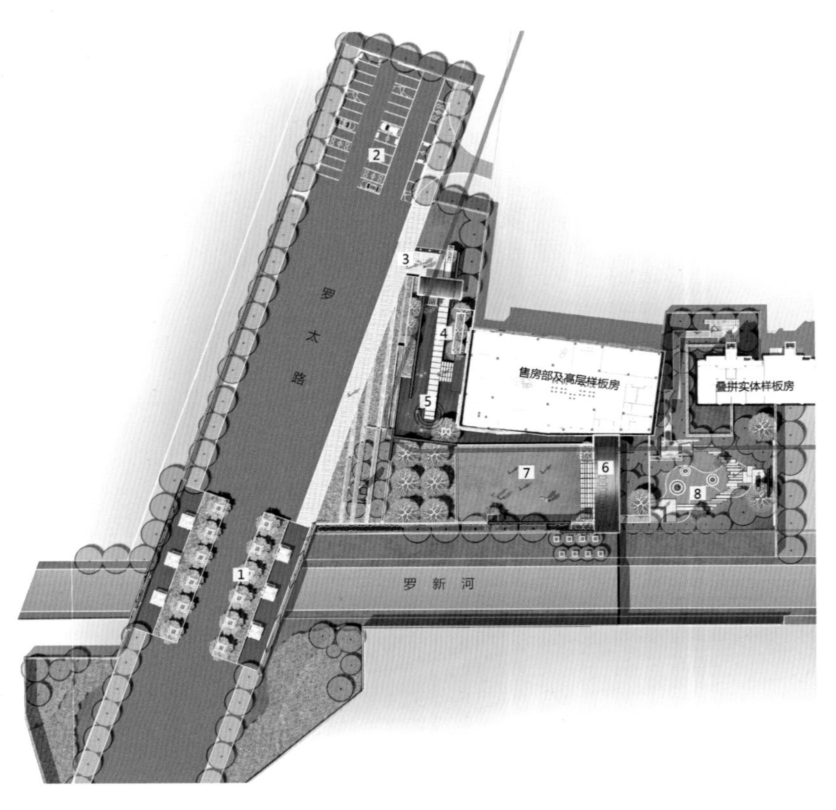

上海 · 云麓之城

项目名称：上海 · 云麓之城

设计时间：2017 年

项目位置：上海市宝山区

景观规模：6000 m^2

建 设 方：碧桂园、绿地、新城、世茂

摄 影 师：潘光侠

项目概况

项目位于上海市宝山区罗店镇美兰湖片区，周边环境不佳。项目定位为改善型复合生活居住社区，住宅产品类型为叠拼别墅 + 洋房 + 高层。建筑风格为中式新古典。

设计理念

项目所在地块位于上海市宝山区罗店镇，罗太路和罗春路交会处，毗邻罗新河，周边环境较差，无资源可利用。故考虑以内修身，创造项目自身的识别度，提升产品价值。

项目由四大地产企业联合开发，其所在地域具有海纳百川、兼容并蓄的海派文化特点。海派文化是上海特有的一种文化，其具体表现为自然得体、大方精美、雅致艺术和时尚高贵等特质。

因此，设计考虑将项目展示区定义为一座独具艺术气质的现代艺术公馆——生活艺术客的聚落空间。

“去符号化设计”是项目坚持的设计原则，从总体到细节均秉承去繁就简的极简主义思想。

设计师结合地域环境及海派艺术特点，融入柏林青年艺术沙龙三杰作品，将展示区划分为江舟舞韵、群鹤朝月及水石方圆三大主题空间，充分体现现代艺术公馆的独特气质。

云麓之城·CITYSTAR

CITYSTAR
云麓之城

彩云湖国家湿地公园

项目名称：彩云湖国家湿地公园
设计时间：2014 年
项目完成时间：2016 年
项目位置：重庆市九龙坡区
摄 影 师：潘光峡

占地面积：公园位于重庆市九龙坡区，总面积为 831 000 m^2，其中湖面面积约为 200 000 m^2，湿地面积达到 832 000 m^2，河道面积为 52 000 m^2，绿地面积为 487 000 m^2。此次设计范围为公园中部环湖区景观提升，面积约为 275 000 m^2，其中湖面面积约为 190 000 m^2。

项目描述

一、设计思路：设计结合基地山地地形，通过 GIS 对地形多层面的分析，提出“立体湿地”的概念，将山地地形空间与湿地景观有机结合，打造“梯级净化池+塘+溪流”的组合，构建立体的湿地净化和生态系统。同时，结合上位规划，深度挖掘彩云湖桃源的文化意境，从“湿地景观”“生态保护”“桃源文化”三个层面上打造“都市理想桃源”，提出“彩云湖畔桃花源”的文化设计理念。

二、设计策略：此次设计有两大策略重点，一个是恢复并强化公园的湿地净化功能，另一个是完善公园休闲游憩功能。

（1）湿地净化系统层面：尊重湿地的原地形地貌、生态系统和人文环境，通过梯田、溪流、塘的多重水体治理、净化水源。设计针对公园东区湖区北部的两个湾部，由于常年雨水冲刷导致河床升高，水质状况逐年变差的情况，重新规划设计梯田式净化池，将植物净化床的出水经过管渠输送至各个湖湾，促进湖湾中水的流动，缩短湖湾换水周期，从而提高湖水的自净能力，将“死”水带“活”，防止局部形成“死”水，形成“流水不腐”的效果。同时，充分利用现有活水装置，并结合实际了考虑增设曝气装置。通过装置内的螺旋桨使水的表层和底层不断地循环，从而使底层的水体具有充足的溶解氧，避免了营养物质的流失，增强了水体的自净能力。同时在环湖北岸设置雨水截流生物净化沟（渗滤沟）：利用雨水截留生物净化沟上栽种根系发达的地被植物吸收和截留雨水径流中的悬浮物，使雨水得到净化后再排放入湖内。

（2）公园休闲主题文化与科普展示系统：按国家级湿地建设规范，分级划分出可建设区域，营造良好的湿地生态环境，深度挖掘彩云湖桃源的文化意境，打造环湖 2.8 km 无障碍步道，保证环湖沿线的交通。在环湖步道游览线上，结合现状地形及植物空间，新增 17 个文化景观观景节点，重点打造“环湖十景”，并融入湿地科普元素，满足各类游人游园的需求；加强参与性场地的设计，提高湿地公园的参与性。

A&N 尚源景观

A&N 尚源景观

汪 杰
美国 A&N+ Group 首席代表
重庆尚源建筑景观设计有限公司 创始人

刘志南
A&N 尚源景观 总经理
重庆尚源建筑景观设计有限公司 创始人

对于“西南的价值”的理解

西南的价值在于这个城市的包容、开放和学习能力，但凡行业公司高度聚集的城市一定是上游行业，并且是蓬勃发展的。位于西南的成渝两地也如是，2005 年以来重庆就有了很多全国知名的地产项目，近些年更是成为全国各地争先考察的行业优秀项目的打卡地。而更有趣的现象是重庆当地的地产项目景观设计基本都由重庆本土设计公司完成。同时，成渝两地多家景观公司（设计、施工）也加入了全国逐鹿的行列，将西南的价值传送到全国。

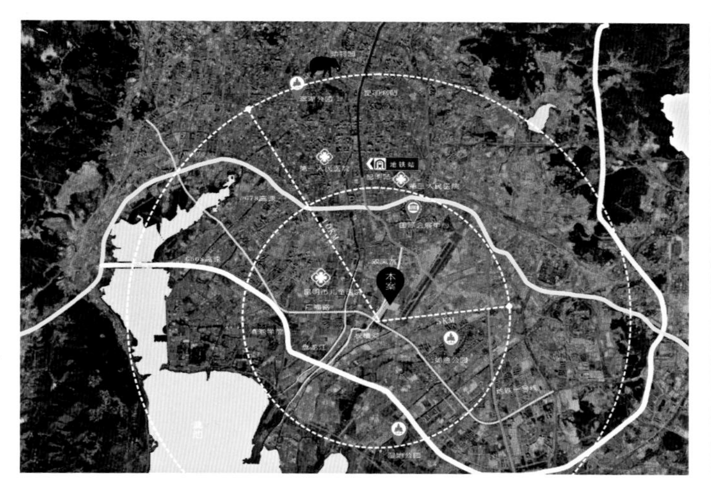

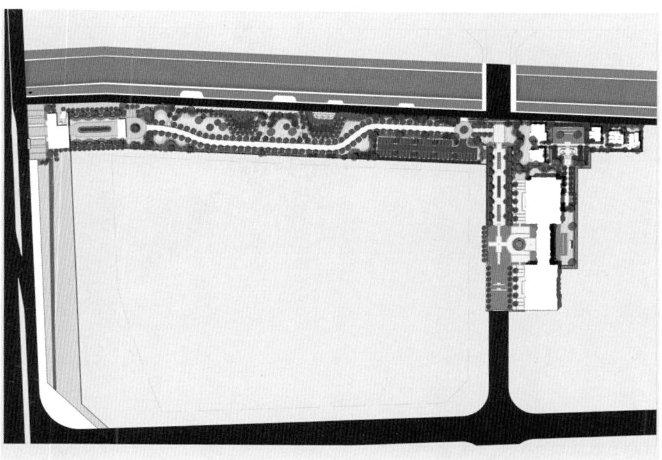

庄重典雅 园林大境

万科 · 翡翠示范区

项目名称：万科 · 翡翠示范区
建设单位：昆明万科
项目规模：25 000 m²
项目位置：昆明市广福路
设计时间：2017 年 3 月
建成时间：2017 年 9 月

项目概况

昆明万科 · 翡翠示范区由一条长 330 m 的永久性公园式体验引道，与宽 150 m 的售楼展示界面组成，总面积约 25 000 m²，创造了昆明市场上绝无仅有的大尺度都会公园示范区体验感受。

景观设计把握住新古典主义理性、秩序、典雅、庄重的概念轮廓，同时兼顾客户的心里期许，营造空间的收放进退，通过五重景观礼序，进而搭建六幕典雅园林大境，给客户带来殿堂级的景观升华。

景观设计

· 入口界面——内退隐奢

为了营造出礼序、典雅、端庄的气场，设计师秉持匠人精神，精益求精，反复锤炼，最终决定将大门前置，对外形成良好的临街展示界面，对内形成一个围合的仪式过渡空间。

· 仪式引道——都会公园

设计从万科翡翠产品的街区领域意识出发，借鉴纽约中央公园西 15 号公园街区机理和尺度感受，展示未来大区端庄舒适、自由美好的健康国际公园生活！

· 空间转折——庭院门厅

一个转角的瞬间，礼遇一场浪漫的诗意巡行。设计利用空间尺度的收放变化，让人从大尺度公园空间转换到近人尺度氛围，体现了空间节奏的变换韵律。

· 仪式轴线——心情酝酿

穿过门厅，行走在榉树林下，感受着凡尔赛花园喷泉的灵动，尊崇之感油然而生。

· 售楼部前场——奢雅之庭

借鉴凡尔赛花园的轴线对称典雅格局，营造纵向横向多重轴线对景关系，力求在空间形式上，体现出古典园林平和而富有内涵的气韵；而在细节工艺上，用现代的手法和材质还原古典气质轮廓，兼顾了古典与现代的双重审美效果，体现出现代新古典“形散神聚”的设计手法。

· 样板房庭院——精奢花园

在庭院空间的营造上，追求每一个角度都是入画风景，营造出未来大区精品花园品质和典雅的体验感。绿化软景延续新古典理性、纯净、线条感强的视觉效果，在绿化层次上做了减法，去掉大部分色叶树种以及繁复的群落层次，精选树形饱满的乔木和整形绿篱，搭配干净清爽的硬景空间，凸显古典园林的空间构成，多维度地展现了设计的极致精炼。

· 细节拿捏

万科 · 翡翠示范区在细节上摒弃了过于复杂的肌理和装饰，用简化的装饰线条去刻画传统样式的大致轮廓，力求“形散神聚”的现代古典都会景观。

尚源景观一直秉持着“定制化景观产品”的设计宗旨，将昆明万科 · 翡翠项目的产品特质用景观的手法去诠释和解读，并注入对项目的设计情怀，期望呈现一个典雅、内敛、奢华、精致、不同的法式都会大境园林。

万科·翡翠
VANKE · EMERALD
万科·翡翠
EMERALD

EMERALD
万科·翡翠

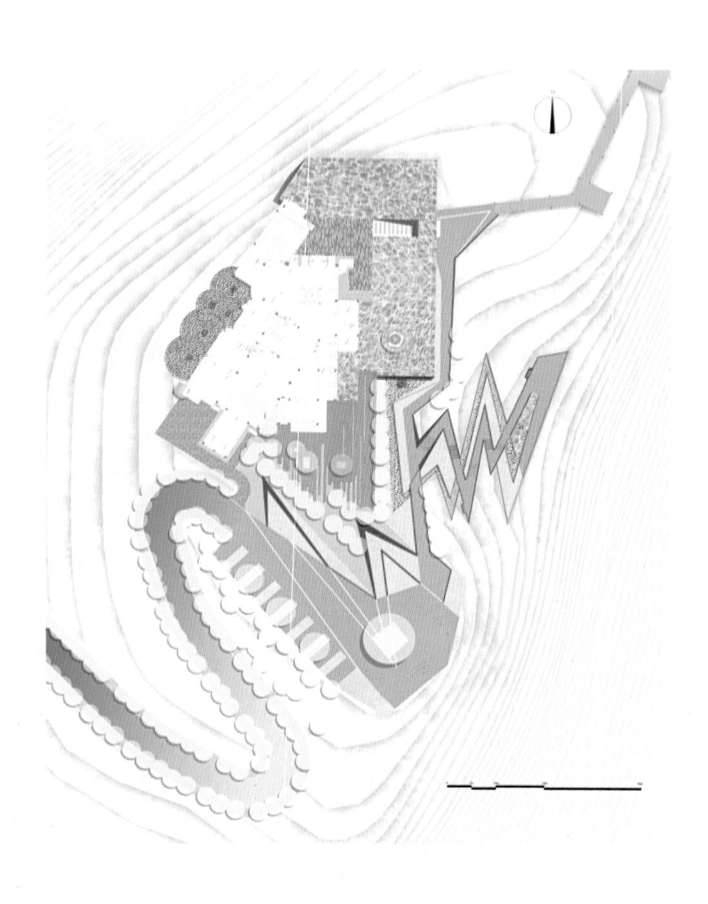

泸州老窖・崖顶酒庄

建设单位：泸州顺成和投资有限公司
项目规模：11 000 m^2
项目位置：四川省泸州市
项目类型：白酒庄园
景观风格：现代
设计时间：2014 年 10 月

项目概况

泸州老窖・崖顶酒庄坐落于泸州干脚山山脊中段，海拔高度为 440.5 m。地理位置优越，且坐拥崖顶，具有非常良好的视角：俯瞰泸州风景旅游地——花田酒地，并可远眺长江。

・呼应建筑

依据建筑线条张扬、富有动感、层次丰富的特点结合当地属于闪电雷区的地域属性，利用被破坏的斜坡做成闪电造型，一条折线是消化高差的步行道，一条是雨水收集净化爆氧的水道。

・循环利用

景观设计对坡地修复、雨水收集、道路铺装、碎石透水、本地植物再利用等手法打造一个低成本、低维护的新型酒庄景观。通过雨水收集系统的实施，使项目一年多后仍然能长期储存雨水达两百吨，经过水景循环处理后完全满足整个园区的绿化浇灌、卫生间的冲洗和硬质地面铺装的清洗。

・实景呈现

经过盘山公路到达酒庄入口，以豁然开朗的手法强化空间感受，以铺装线条关系界定空间。运用梯步结合地形塑造一个参与性较强的观光平台，考虑到两方面：一是此处地势较高且呈扇形观览面，视野非常广；二是在行车过程中看不到玻璃栏杆，使空间具有无限的延展性。

整个设计的线性关系与建筑形成一个统一的效果，作为一个参与性与趣味性并存的景观节点。运用镂空形成框景，视线集中到景点的展示上，体现不同的趣味游览效果。

以著名的泸州长江石、酒坛与酒碗为载体，创造出酒文化与地域特色浓厚的酒庄景观。

大片的静面水让人豁然开朗，将眼前的建筑，远处的景色，辽阔的天空融合，营造酒星在天的奇妙感受！

・醉美浓香

泸州老窖的醉美浓香，源于对时间的虔诚，于静谧时光中感悟岁月的沉淀，好酒藏在时间里。与醉美浓香的泸州老窖一起品悟，幻化为一颗瞩目的酒星！

清溪

龙湖·香醍璟宸示范区

建设单位：西安龙湖
项目规模：3000 m²
项目位置：陕西西安
项目类型：联排、叠拼
景观风格：新中式
设计时间：2016 年 9 月

项目概况

龙湖·香醍璟宸示范区采用中国传统园林前庭后院的布局理念，利用三进院门营造“进门观山水，入园赏美景”的深宅大宅。漫步其中，寻幽探胜，细探乾坤，意境悠然。

景观设计

·门庭礼序

豪门设计汲取故宫太和门装饰精髓，融当代人居住美学。以中国传统行制大门再现主人气质与迎宾礼仪。入口采用开敞式空间布局，以对称美感向东方礼序思想致敬。地面铺设精选上等汉白玉，完好保存其自然纹理。与设计典雅的铜门相得益彰。

·山水造诣

对景墙设计采用中式经典比例尺度，面层的錾刻肌理将颐和系的匠心融入其中。左侧节选《兰亭集序》，与流觞亭相呼应，烘托古典文人造诣。景墙前景石布置致敬中国传统园林“一池三山”布局模式。山石、劲松、碧水、序屏一气呵成，颇具讲究，迎接宾客到来。

·长屏画卷

连廊提取中国传统园林经典元素——月洞门，融合当代美学装饰创作。步入连廊，透过月洞门回望一泓池水，绿植相配，虚中有实，形成对景，天地犹如纯净之境。漫步半透明花屏之间，感受西安本土著名的文物风景胜地长安八景，俯仰之间，令人怀古抚今，不胜感叹。

· 花好月圆

行至长廊尽端，对景桃树相衬，一轮明月升起，虚中有实，与连廊洞门相呼应。露而不尽，展现了空间延展性。明月与泰山石相呼应，形成一幅花好月圆的美好画面。明月参考故宫屋檐形式，与吴冠中先生画风结合，营造出禅味意境。

· 禅巷通幽

院门内敛而大气，又不失品质细节。对景墙装饰形式提取故宫门窗的比例和装饰纹样，将案名 Logo 图案和中国传统席纹相结合，犹如艺术雕刻，质感凸显。

· 诗意栖居

宅间院门精细唯美，营造出祥和、典雅的氛围。庭院小品、盆景与壁画相辅相成，赏心悦目。为住户勾勒出一幅与家人共享欢快的美好场景，让住户获得更多与家人互动的体验，回归诗意栖居。

高静华
创始合伙人、总裁
注册城市规划师

对于“西南的价值”的理解

在十三年前创立纬图景观时，我便觉得，西南是一块有特色的土壤，这里的设计师在这片土地上努力实现着他们的设计理想。也有很多设计师带着西南土壤独有的养分，走出西南，走向了更为广阔的天地。CLA 西南分部将众多优秀的设计师与企业组织起来，加强了行业交流与学习，同时也让更多人了解了西南，了解了西南景观。这本身就是一件很有意义的事。

李卉
创始合伙人、设计总裁
注册城市规划师
一级风景园林师

对于“西南的价值”的理解

景观本身是有生命的，是与使用者的生命周期交融在一起的，是搭建起人们与土地、与身边的人的一种链接。西南独特的地形地貌与气候特征，造就了具有西南风格的景观特点。这种特点来自人的个性，也来自景的特性，充满了粗犷与细腻的碰撞。当景观成为停泊心灵的空间，它就不再是一花一树、一石一山的简单加法，而是情绪的交融与感官的体验。在设计中引入直觉的、内在的设计元素，环境才能与人们的内心真正相连，人景交融，生命力才能在景观空间中不断延伸。

纬图景观

龙湖 U 城

充满青春活力的艺术商业街

项目位于重庆西部新城的中心区大学城片区，东侧与四川美术学院相邻，西侧为龙湖的洋房项目听蓝湾，邻近还有重庆大学、重庆师范大学、重庆医科大学等高校。由 1 栋龙湖自持商业和 2 栋销售商业构成商业主体，加上 3 栋 LOFT 商住楼及裙房商业形成一个流动的商业街区。各楼栋间通过 7 条商业连廊进行联结。是一个集商业、娱乐、居住为一体的商业综合体。其中景观面积为 35 536 m^2，屋顶花园面积为 5800 m^2。

项目愿景

大学城是重庆主城区最年轻最具活力的地块。本项目紧邻四川美术学院，其艺术氛围很自然地浸染了这块土地，打造一个充满艺术气息及青春活力的休闲生活聚集地成为我们首要的目标。

我们期待通过我们的设计为这个场地呈现：有设计感的地面铺装、有艺术气息的地标、精彩的景观小品、流动的景观空间、丰富的场景……活力四射的青年大学生、小资白领们，穿行于各种场景中，看着各型各色的街头表演，并成为表演中的一员，各种商业活动甚至各类艺术展在南广场不定期举行。

项目策略

一个充满活力的场地，首要的是打通场地的流动性。并让行走其间的人们感受到不经意的舒适与恰到好处的生活艺术气息。在东西南北行进方向的流动中形成了整个天街的空间内核——旱喷广场，广场以同心圆跌宕扩散的铺装形式圆融地接纳了东南西北的线性穿梭，将场所的重心稳稳地定在泉心当中。

旱喷广场的铺装设计我们采用了参数化设计，从中心逐渐向外辐射的圆形构图，由不同大小、均等递减的方块构成。代表着青年张扬而又不失内涵的性格特点。铺装的形式给石材加工和切割带来了不小的难度，同时，还要考虑喷泉的水系统循环及结构的可实施性。雾喷的效果是孩子们特别喜欢的，因为即使是冬天也可以伴着笑声冲进水雾中，而不必担心被泉水淋湿。广场周边是充满青春动感的景观坐凳，靠背的斜面也成为孩子喜欢去攀爬的场所。

WILL'S
威尔仕健身
健身 舞蹈 瑜伽 游泳
FITNESS DANCE YOGA SWIMMING
龙湖U城天街A馆 L2-86
全国150+家直营专业健身俱乐部

商业东入口的水景是设计中的一个难点，这里是消防车道与龙湖自持商业入口形成的一个夹角区域，下面又紧挨着地库顶板。我们通过面与面不断地切削消减高差，让空间转折地流动起来，并让人在这种流动中不知不觉地走近商铺的界面。

池底精心设计的凹凸起伏让水流更加欢快跳跃。耐候钢板的锈红色中镂空出的字母是青春的音符，在晴日里洁白无瑕，在夜晚的灯光下又如星空般耀眼。

南广场紧靠四川美术学院，是为大型商业活动、公共展览等活动预留的空间。依然用折线的回转构成几块绿地，锁住场地的边界，并形成可休憩亦可玩耍的异形长椅。中间大面积的留空，不定义，等待未来的各种可能性。

屋顶花园以“七彩”为主题。设计包含老年人、年轻人和儿童三类人群的活动区域，同时采用一条 300 m 长的线性七彩跑道将整个屋顶花园的各个区域联系起来。公寓入口前场与相邻活动空间紧密连接，成为一个缓冲过渡休闲区，同时该区域设有草坪、座椅、康体器械，以吸引住在这里的老年人前来。

成人活动场地中休憩空间与羽毛球、乒乓球场地一并设置，给在这里的年轻人以最佳的运动体验。彩色的塑胶材料不仅提供了舒适的基底，同时，也给人以年轻活力的氛围。不同年龄段的儿童感知神经活动所需的物理条件有所不同，所以玩耍的设施是有差异化的。针对这些差异在幼儿区设置了可供瞄准的元素、有图案的道路、小滑梯、摇摇椅等多种玩耍设施，同时也设置了看护座椅、婴儿尿布台、洗手池、婴儿推车停靠点等人性化设施。

儿童区设置了秋千、索道、赛道、跑道、投篮区、沙池等游乐设施，同样也设置了看护座椅，在这个区域设置的是易于进入这些区域的清晰通道，以应对大龄儿童快速和无预兆的情绪转换。在一个不足 6000 m^2 的屋顶，我们沿着一条彩虹色的“high line”，有机地组织起了错落有致的绿植斑块、形式丰富的活动空间，形成了一个色彩缤纷的屋顶花园。很开心在建成之后，它真的如我们所愿，成了孩子们的乐园，也成了生活工作在这里的成年人运动休闲的不二之选。

龙湖 U 城从 2014 年启动设计，到 2017 年 9 月终于开街呈现，3 年多的时间终于成就了这块场地的青春、活力、炫酷的艺术气息。感谢时间，过程中的应对变迁是对设计师激情的极大考验，幸得耐心与坚持让我们不负所有做过的努力与尝试。

PRESCHOOL
CHILD
1 2 3

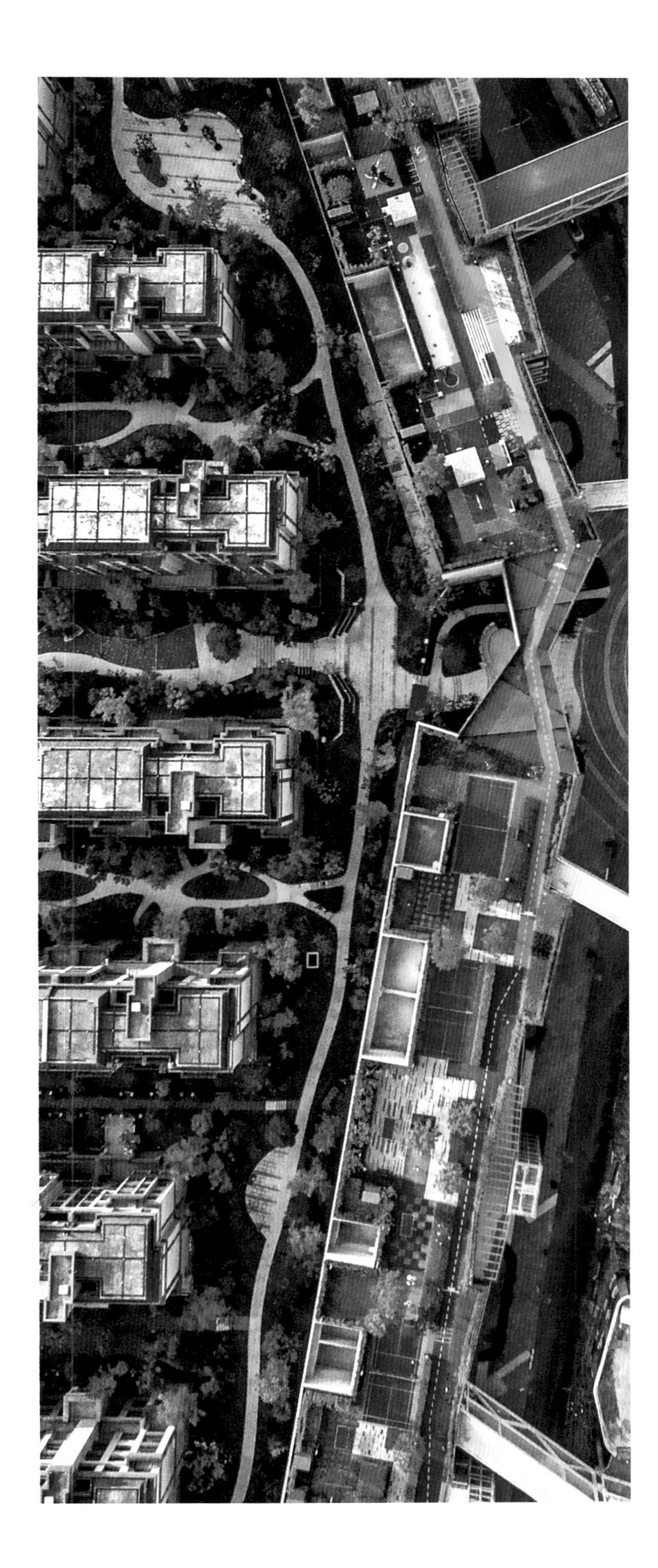

归原小镇
一个归山养云之所

归原小镇位于重庆武隆仙女山，距离重庆主城约 3 小时车程，距离世界自然遗产天生三桥、后坪天坑，以及 AAAAA 级风景区仙女山国家森林公园约 20 分钟车程。

项目总用地约 666 666 m^2，属典型的喀斯特地貌。地形丰富多变，包含森林、草场、天坑、峡谷、山峦、峭壁等各种奇特险峻的地貌。海拔 1100 m，属于典型的小高原气候，植被丰富多彩。项目依托一个百年村庄荆竹村，以“活化乡村，留住乡愁”为目标，规划了民宿、文创、生态农业等六个版块，以持续为古老村庄注入更多的活力。

新时代的到来，怎样让贫瘠的土地重新焕发生机，怎样让古老的村庄重现活力，怎样让人与土地有更多的交流和互动?

我们努力从人、地、景三个角度同时出发，找到三者的共鸣。

我们尝试在人的行为有多元叠加的可能性的基础场地里，去增加与原有空间对话的机会，与原生景致对话的机会，并不去定义这个空间必须是什么。空间最后的成像变成由时间和进入此地的人来决定。

老宅经修复成为一座餐厅。我们用毛石还原院落，并在这段仅有的缓坡上架起一片木质平台，将人的行为延伸到崖边。在毛石院落和木平台之间保留了小段高差，借以形成了一圈户外的垒石长椅。——非常有意思，这个没有被定义的空间，在不同的时间渐渐演变出不同的样子。

因地制宜，原生地形的丰富，给了我们在此地发生特殊行为更大的可能性。

场地原有一个很深的天坑。一面是峭壁，一面是松林坡的延续。这是天然的剧场，也是天然的攀岩场地。我们顺势将人的行为引入，于是有了穿越松林的临崖小径，深入坑底的蜿蜒坡道，而坑和崖，依然是它千万年来原本的样子。少干预，多尊重，我们相信有时候不作为才是更大的作为。

因地制宜除了因循地形，还有地貌、土壤。这里的喀斯特地貌，漏斗形地形，导致土壤贫瘠，百余年来山民们一直过着勤种薄收的生活。播种什么才可以被这块土地接纳，才可以与这片山林相得益彰？

波斯菊喜光，耐贫瘠土壤，忌肥，忌炎热，忌积水。这里土壤所有的劣势，在波斯菊面前都变成了优势。我们在被荒废的土地里撒下大片的波斯菊种子，夏、秋季节到来，原来的荒地变成了连绵的花海。

因地制宜，是在山间壮美景色的之外预先考虑到潜在的危险。比如，如何利用场地本身形成天然的雨水系统而减少灾害的发生并丰富景观体验?

梳理山丘、林地、沟谷，让雨水自由而有序地汇集，用原来裸露的岩石顺势摆放形成疏导。雨季里，是溪流，奔腾而去；旱季里，裸露的岩石就是孩子们攀爬嬉戏的场地。不刻意，不勉力，尊重场地，尊重时间，让山和水在该相遇的季节相遇。

旧人新景，匠人匠心。

竹是此地农家最常用的生活材料，如何让这些最普通、最常见的材料在新的时空展现出更大的活力?

我们设计多款不同的竹亭、竹廊，用竹材本身来推演形态，力求让它自己成全自己。我们更让当地农人一起尝试他们熟悉的旧物如何变幻出新的惊喜。农人们在全程参与竹编新创作的过程中，体验到不同于农耕收获的全新乐趣和满满的成就感，而设计师们也越来越体验到设计在此时此地的真义。

设计不是耍花样，设计是用温热的心和适度的力去点燃一块土地，一段时空，一群人。

建设还在继续，我们期待以我们对人、地、景最大的尊重和敬畏，换来天地时空在此地给我们更多的指引和回应。

龙湖清晖岸

再造生活的永恒经典

项目名称：重庆龙湖清晖岸

项目位置：重庆龙湖新江与城

项目占地：62 700 m^2

建成时间：2017 年 12 月

龙湖晴晖岸位于重庆两江新区大竹林片区，步行可达嘉陵江。项目地势北高南低，最大高差为 18 m。建筑的大退台形成大量纵向挡墙，把横向交通切割得支离破碎，且形成各种变坡与扭坡，中庭空间如何实现完整是一大问题。

各种挡墙导致大量入户需要通过上下台阶来解决，成为客户体验一大障碍。初次和业主方讨论，业主方希望以经典法式风格叠加龙湖自然生态的空间手法来打造这个社区，这在我们和龙湖都有成功的项目经验，是一个极稳妥的打法，只需细节更精准，再略有创新，便可保证令业主满意，美轮美奂指日可待。但设计师真的是一种喜欢不断自我否定的人。我们突然不满足于只是在过去成功项目基础上创造一个升级版。我们想要更大的挑战和创造——我们想要给业主、给土地，也给自己一次惊喜！感谢业主方团队，支持了我们的想法并给了我们足够的时间。感谢我们自己，能够对过去几个月付出的辛劳不计较，对过去的成功不留恋，敢于再次大步向前。空间的重构建筑形成的几个异形的中庭，我们重新试着用直线的转折交叠来联结，让景观空间的肌理可以和建筑布局形成的空间肌理更加有机的共生。好的设计师首先是空间架构师。被挡墙、地库切碎的空间经过设计师的穿针引线变成美丽的珠链。好的空间要处处让人流连。受设备精密控制的喷水划出漂亮的弧线，在阳光下呈现出自然而时尚的空间。这里让每一个孩子开心地玩耍，要美，要可爱，要让成人都渴望回到童年。孩子们在这里奔跑、跳跃、攀爬，尽情探索，在这户外的七彩时光里收获成长、收获智慧、收获朋友、收获喜悦。七巧板式的彩色地面，让孩子在林下愉快地穿梭嬉戏，周围美丽的花镜也在点滴牵动他们的好奇心。第一次在龙湖的项目里我们大幅度地留出建筑边缘的视线，以在景观的画面里更好地接纳建筑的立面以及重庆越来越多的蓝天。在高差的助缘和高差的处理上，我们尝试用面与面的碰撞联结来承接并转换空间的势能，而非专注于挡墙的掩盖与被阻断空间的修复。宽 35 m、长 90 m 的中庭空间，两层地库从中间经过，形成高差较大的台地关系，给东侧住户回家带来不便；消防通道的纵横交错，将场地划分成几大块，打破了整体感。我们把高差挡墙的势能转换成面与面、空间与空间的不断交叠融合及串联，便有了临空绽放的流水阳台，飞流直下的欢腾瀑布，曲折回转的滨湖水岸……水岸西侧也是一处高差较大、坡段扭曲复杂的场地，加之消防通道及扑救面占据了大部分室外空间，进入高层组团的流线十分纠结。我们试着用帅气的折线去接纳高差，接纳消防，让线与线自然形成的面与面直接碰撞，构成新的几何线条，这里便有了这些如 T 台般时尚的步道。高差与扑救面的干扰被处理得润物无声。虽然复杂的场地竖向给入户带来了各种困难，但我们依然坚持要实现无障碍通道贯穿全园。我们希望每一个坐童车的宝宝，每一位坐轮椅的老人，都享受完全自由出入。复杂的高差是挑战，亦是助缘。因势利导，借势而为，空间有势，才有不可挡的美。

在设计语汇上，我们试图在经典法式的大气端庄和传统龙湖的温婉秀丽之外，用一种更简洁、更坚决的语言来描绘空间，让她更卓然独立，旗帜鲜明。我们大面积地使用纯粹的黑白配色，大胆地撞色加上水刀的细节运用，既大气又典雅。我们大胆地使用了菱格纹的铺贴，等边三角形的切割精度，材料损耗，拼贴工艺都是难度。感谢施工团队，精湛的工艺，让菱格纹线条流畅精致，每一只角的相碰都严丝合缝，让这一池水，既典雅又帅气。我们为每一个庭院镌刻自己的专属花语，专属入户图案，专属雕塑。庭院中的艺术品，不但装扮了空间，更是美与品位的提升。细节是魔鬼，设计师让魔鬼变成天使。一闪一闪亮晶晶的，不是小星星，而是印在水里的大熊、小熊星座。设计师的顽皮，是想让你的身心不仅仅停留在眼下的这片天地。

当夜幕降临，在自己的窗前，静静地凝视水中的星星，你的心会不会飞向浩瀚的宇宙？水轴的特色缓坡铺装是每一寸细节的推敲，只为通过自然与工艺一起让美不断延续。喷泉用精准的水线设计，阳光下，如童话般美丽。好的设计，是功能和美观两不误。更好的设计，是功能和美观彼此成就。为了坐轮椅的老人有舒适的抓握体验，为了形式和色彩与现场浑然一体，我们反复地试验打样，美丽安全的坡道才是我们最终想要的。当然还有特别精心设计的植物组景，水轴旁的吉野樱树阵，花镜与时尚元素的结合，让空间更具生气。

细节与浪漫，奢华与品质，尽在清晖岸。

2015 年 9 月第一次踏勘现场，2017 年 12 月园区交付业主，800 多天里，感谢龙湖团队，感谢施工方团队，我们一起在不断为难自己的过程中刷新了自己，再造了生活的永恒经典。

龙赟
成都景虎景观　创办人

对于“西南的价值”的理解

“西南的价值”是两方面：一是传承，西南地域本土的地域特性，文化气质，有独特的闪光点，值得传承，比如成都的悠闲慢生活、重庆的山水格局、云南贵州的少数民族文化特色，这些特质会形成一种价值取向；第二是革新，这更体现“西南的价值”，CLA西南分部诸多企业，正在实践这一命题。

景虎景观

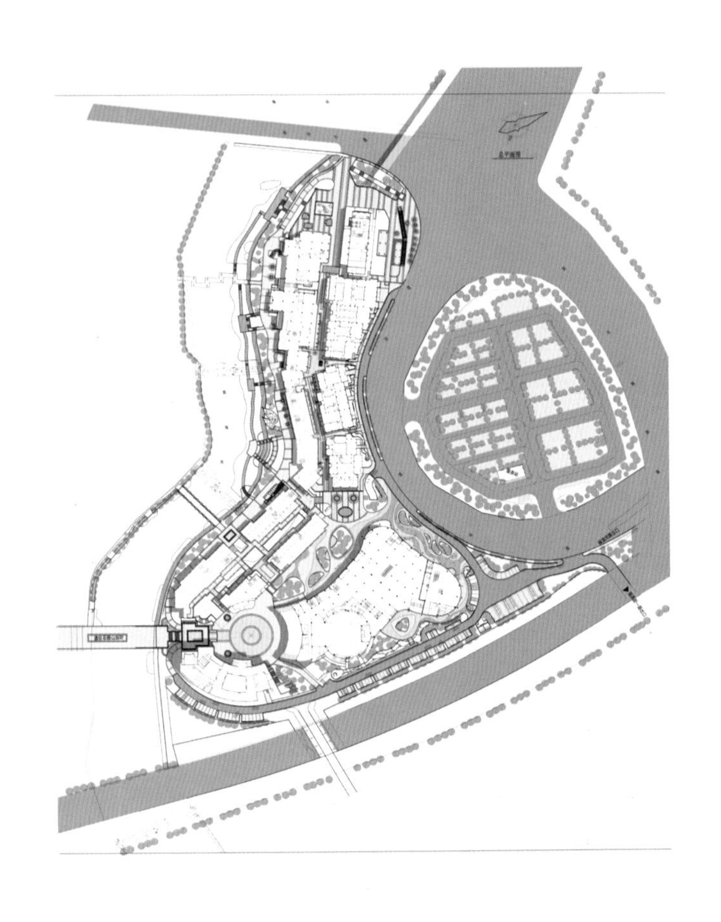

陈仓老街

项目位置：陕西省宝鸡市

景观规模：56 000 m^2

设计时间：2016 年

建设方：宝鸡市石鼓文化产业投资发展有限公司

临国之重器，溯渭水之南

陈仓老街是景虎造园 EPC 标杆项目。该项目位于宝鸡市高新区西，紧邻渭河支流荫湘河。基地西侧为国家一级博物馆——宝鸡青铜器博物院。

作为国家 AAAA 级景区中华石鼓园唯一的商业配套，该项目定位为“宝鸡城市会客厅”文化旅游核心区，填补缺失的城市功能。

解密宝鸡一九四一，追溯百年陈仓风貌

1941 年，美国《生活》杂志摄影师卡尔 · 迈登斯用镜头记录下那个时代的宝鸡。镜头中辉煌的中山路，繁华的老宝鸡，宝鸡的工商业、城市格局及建筑艺术尽现眼前。这些珍贵的照片给了我们街区的设计蓝本。

中西结合的“宝鸡火车站、陈仓公寓、县署、人民电影院、山西会馆”等艺术建筑，讲述着不老的陈仓老街故事，记录老宝鸡的城市文化。

文化构建，陈仓八景

陈仓八景——凤鸣广场、陇海山水、中山巷、秦腔广场、陈仓广场、暗度陈仓、太公桥、漕运码头。这片土地上经历的各种历史记忆，我们通过文化解读，艺术再现，构建全新的陈仓八景，形成城市新地标。

市井文化与非遗传承

文化街区是非物质文化的天然载体。当时，宝鸡拥有 5 个国家级非遗项目（宝鸡社火、凤翔木版年画、凤翔泥塑、西秦刺绣、炎帝祭奠），48 个省级非遗项目，111 个市级非遗项目。在繁闹市井中，人们展现的手工艺、礼俗、表演等都成为非物质文化遗产的传承展现。

我们通过规划设计，让宝鸡人知道自己生活在这样一个文化灿烂的地域。通过陈仓八景的文化构建，还原宝鸡繁华街市，传承市井文化，复原古老艺术情怀。

城市的舞台，文化的舞台

陈仓老街中心景观——陈仓广场可容纳过万人，人们可以共同观赏精彩的演艺节目。广场选址经过反复推敲最终确定：西侧通过大台阶直上青铜器博物院，形成气势恢宏的中轴空间；东侧可观赏滨河景观，夜晚配合水秀灯光表演，犹如穿越回 1941 年的宝鸡街头。

天玺台
寶

車站

SY1635
寶鷄站

宝鸡
BAO JI

陳倉公寓

西府老街

项目位置：陕西省宝鸡市
景观规模：约 6000 m²
设计时间：2016 年
建设方：陕西一鼎置业有限公司

西府老街文化旅游景区定位为三秦西府文化传承旅游文化体验基地。作为景虎造园 EPC 标杆项目，西府老街历经三年，从设计到施工，从图纸到现场，从材料到细节，每一步，我们以全新的方式让景观散发更加迷人的魅力，并致力于不同年龄段的客群，在体验传统记忆中找到乐趣！

西府千年，塬尚水韵，不读非遗，不懂宝鸡

西府老街三条主街：小吃街、羽阳街、文昌街，分别展示了宝鸡的历史与现代、民俗与传统。

围绕着陕西四大非遗：凤翔泥塑、社火脸谱、西秦刺绣、西府皮影这些要素，打造了西府密码、西府时光、西府杂技等几组小品，极尽工匠精神，用建筑之美、街市之形串联文化之魂、历史之影，给非遗文化和民俗民生展示的空间。

民俗与时光的旅行

最北侧定位为文创街的文昌街，一边是新中式现代建筑，一边是传统老宅，代表了宝鸡的未来。玻璃幕墙映射出青砖白墙，给游人一场民俗与时光的旅行。还原古陈仓历史人文和市井生活习俗场景，那些深藏我们记忆深处的“西府之美”将一 一呈现。

西府密码

“蜀道难，难于上青天。”蜀地通往长安的道路必须越过秦岭，而秦岭最高峰太白峰则位于宝鸡太白县，因此，李白与宝鸡有着深厚的缘分。以李白的视角，解读西府密码，是什么样子？“西府密码”雕塑一面以钢板层叠塑造，另一面运用传统雕塑打造。设计师用古与今的演绎，体现时代穿越感。以西府遗留古砖、老瓦对景墙进行设计，又以耐候钢板做框架和纹样，体现老与新的结合。

西府时光

西府时光是一组融合了传统与现代的小品。抽象陕西传统服饰领口形态，为景观装饰柱顶形状。融合现代艺术，将哈哈镜运用在设计中，通过哈哈镜折射出西府老街新旧建筑反映出不一样的西府时光。

西府杂技

东侧广场有一组具有西府当地文化的特色小品——西府杂技。结合西府当地非遗文化——西府杂技、西府剪纸和社火脸谱，可转动的社火马勺脸谱让游客互动参与，不仅是一道好看的风景，同时也让人体验西府文化魅力。

Word coffee

万科 · 公园里二期

项目位置：浙江省宁波市

景观规模：10 400 m²

设计时间：2015 年

建设方：万科

万科 · 公园里二期位于宁波江东核心区，定位为公园里的家，传达万科时尚简约的生活哲学。项目西临杨木碶河，独占 300 多米长的河岸线，形成内、外双公园系统。内、外公园以健康慢跑系统连通，居民既享有内公园的安心舒适，也享有外部连通城市绿地的滨河公园，活力四射的运动公园及畅想生活的商业街。

因为集中规划的消防扑救面，使得绿化空间十分有限，因此利用植物和堆坡处理生硬的空间，同时开敞的大面积铺地兼做小孩的轮滑场，老年人的休闲散步道等活动空间使用。

为了控制造价，铺地材料选用了万科材料系统的混凝土预制仿石砖。以仿石砖的材料尺寸为设计单元来确定场地尺寸，减少传统施工现场石材切割拼补，节省工期和造价。

儿童活动区结合架空层做整体设计，根据不同年龄段儿童的需求和爱好，将儿童活动区分为两个区域：0~3 岁幼儿区，4~6 岁儿童区。两个区域通过可以共同玩耍的沙坑联系，为孩子们建设一个和谐的乐园。

万华 · 麓湖生态城

项目时间：2012 年至今

项目位置：成都市天府大道两侧

开 发 商：万华地产

万华 · 麓湖生态城约5.3 km^2的产城一体规划新城。被称为国内“四大神盘”之一，景观引入森林概念又将错落有致的建筑与景观融为一体，将室内延伸到室外，同时室外又引入室内中庭，建筑与景观不可分隔，融为一体。

2011 年以来，乐道与麓湖生态城邂逅，陆续参与黑珍珠、麒麟荟、黑蝶贝、澜语溪岸等十多个组团的景观设计工作，共同呈现一处处靓丽的“风景线”。

麓湖生态城 · C8 样榜岛

作为整个项目高层开发的样榜岛，将结合组团开发进度和风格进行户型样榜展示营造。

各个样榜庭园主题风格鲜明，周界不明显隔挡，因而在进行景观设计时，将多年生花境植物和观赏草花境营造作为统一全岛的重要因素，而在样榜庭院设计上，则各具特色。

景观营造因地制宜，尊重原始地貌，进行空间营造，保留下来崖壁红砂岩瀑布。为配合红砂岩土壤，采用耐候钢作为花台，体现出别样的花境色彩。

麓湖生态城 · 玲珑屿

玲珑屿的建筑与水无缝衔接，建筑外面就是花园，花园外面就是泊位。建筑大开窗，景观高低层次分明，视野开敞。

场地高差明显，设计利用起伏的地形缓坡，淡化一贯台阶的棱角，利用石材蜿蜒柔和的曲线，将建筑的直线线条柔和的溶解，打造缓坡而上的流线景致。细小的灯光被紧密有致地安装在石头饰面中，斑驳光影下，走过绿意过道，空中弥漫花草芬芳，漫步归家，温馨安宁。

麓湖生态城 · 麒麟荟

麒麟荟位于麓湖湖心岛屿，三面环水，占据麓湖最核心的景观资源。设计以整个麓湖景致为大背景，接近 360° 的景观视野，在家中眺望方山的秀丽伟岸，让天然景物“入画”，感受湖居的魅力。以小台阶植物造景，作为入户水道分割，将水景引入建筑，水和景为依托，听风观水，风景这边独好。

欧阳爽 总经理 / 总设计师

对于“西南的价值”的理解

西南是中国地理与人文特色最为丰富的地区，“西南的价值”更加体现在西南景观人共谋景观发展，共创景观未来的基础上。基准方中景观以规划、建筑、景观一体化设计为本，依托基准方中景观深厚的建筑、艺术、文化背景和影响力，致力于为城市建设，城市和谐人居提供全方位的综合解决方案。作为创意驱动的综合设计团队，我们以推动建设美丽西南、美丽中国为使命，促进当代景观行业的繁荣发展。

基准方中景观

基准方中

都江堰·城市文旅

项目名称：都江堰·城市文旅

项目位置：中国都江堰

规划景观设计面积：2 km^2

设计时间：2015 年

设计团队：基准方中成都景观规划设计公司

该项目是都江堰市打造国际旅游城市的重点龙头工程。设计团队一直在思考，在都江堰这样的旅游城市，在城市形象的塑造和营销方面，生硬直白的表述已经落伍，需要潜移默化、落在实处的情绪渲染。景观设计师只需要制造一些小游戏、小玩具、小舞台，日常城市中的戏剧就会自动上演。

因此，设计团队深入考虑游客及民生愿景，整体以“提升城市风貌、加大旅游纵深、营销城市名片、展开情感设计”为定位，植根本土深厚的历史底蕴，力求完善都江堰的景观层级，加大旅游纵深，形成以都江堰景区为中心的众星捧月的景观格局。

基准方中景观团队为此付出了十二分的努力和坚持。以都江堰景区为核心，道文化、山水文化、熊猫文化三大文化为主题，形成大景区格局。沿着河道和道路设计了广场点睛、休憩空间、道路端头、见缝插绿四个主要区段，共计 24 个创意节点，形成有故事主题的景观序列和指状绿道游线系统。

广场点睛：在主要城市广场、公共空间等重要位置，布置高品质城市空间节点。

都江堰大道与二环路节点广场

创意来源：选取最能代表“都江堰”的书法，与道教文化的太极与道相互结合，形成“太极都江堰”及“水之道”的大型书法地标，构筑门户景观。

熊猫主题广场

创意来源：将 2005 年熊猫进城的形象进行板块切割，作为艺术雕塑，如同躲猫猫，散落于公园中。“与熊猫 High 5”融合熊猫和传统山水，体现小孩子与熊猫的亲密接触。

休憩空间

原有建筑基座将场地划为两块区域，神似太极图黑白交织，结合都江堰道教文化，提取太极拳的形态做成小品，回应道教文化的同时为人们提供趣味空间。

道路端头

在宏观尺度上，从车视点出发采用花境形式最大限度增大绿视率（包括冬季绿视率），建立绿色视觉廊道，以绿色秩序统一城市风貌，让市内的行车体验匹配其森林城市的美誉。

结语

项目的社会反响立竿见影，还未完工，就吸引众多市民流连其中。在施工过程中，工人反馈了一个令人“头疼”的情况：熊猫秋千刚刚安装完毕，但下面的场地仍在施工，沙坑内的沙子尚未注入，很多家长已经开始带小孩来荡秋千。

酒店

花样年 · 家天下

项目名称：花样年 · 家天下
项目位置：成都市双流区与天府新区交界处
占地面积：44 600 m^2
总建筑面积：1960 m^2
设计范围：全过程设计
景观设计：基准方中成都景观规划有限公司
建筑设计：深圳市立方建筑设计顾问有限公司
设计时间：2017 年 5 月
建成时间：2018 年 2 月

花样年·家天下，承载“花样年·幸福系”的高端基因，择址成都天府新区核心地段，延续东风神韵。生活在繁华都市，多少人在心底渴望与深爱的家人撑起一支长篙，向青草更深处漫溯，满载一船星辉，在星辉斑斓里放歌……择居“花样年·家天下”，让每一个心底的期待和幸福都变为现实。

设计愿景

花样年·家天下售楼部建筑设计弱化了传统销售中心显性与张扬的建筑形态，以极具东方韵致的姿态打造出富有创新性的开放性展示空间，去繁为简，通过建筑材料本身的交织组合形成一种充满韵律的肌理韵味。因此，设计师将项目整体定位为新都会艺术生活馆。

东方花园艺术中心的文化底蕴；

全生命周期发生器的形象打造；

五重温度社区体验的动心之旅。

两只生活在深海里的鲸鱼渴望游到像大海一样广阔的天空上去，具有开拓精神的他们，历经千难万阻，游过海洋，游过岁月，到达天与海的交界时，这对情侣组成了家庭，并有了小鲸鱼。 鲸鱼一家跳上天空，缓缓游到苍穹正中，当满天星辰和一道银河壮丽地展现在他们面前的时候，震撼不言而喻。游历，是寻找新家园的旅程，是在寻找家的意义的旅程，家是一生的初始和归宿。以鲸鱼作为家天下社区的精神代表，他们是家庭族群观念极重的精灵，上天飞翔入海遨游，群览天下，他们拥有超凡的创造力和革新思想。在双流花样年这片土地上，海棠一时开处一城香，引得鲸鱼一家跃过璀璨银河在此栖居，智造有趣，心归温暖。

设计理念

项目从传统园林的造园格局中提取出多层递进的院落景观空间架构，以水为核心，营造奢雅浪漫的空间氛围。在设计过程中，全面解析人与建筑、景观的映射关系，充分预留节日庆典等可变活动场地，挖掘成都本土地域文化，充分诠释“新都会生活艺术馆”的文化体验性。

· 入梦皆是情

迷你高尔夫体验区及滨河草坪前场活动区的三个重要节点“通幽密林”“廊桥一梦”“跨海穿沙”，以“礼”迎宾，展现君子遁形的礼仪之道。

· 归来鲸望昱

入口形象展示区以售楼部为中心，以“海岱清天、鱼耀云天”两节点连线轴线布局，以“鲸鱼”形象作为体验中心精神雕塑，引用园林借对景手法，使得内外空间相互融合、相互渗透。建筑整体以轴线为分割，以一虚一实向两端延伸。主入口向里层层跌退，形成强烈的仪式感和导向性。轴线末端节点“灵隐润池”，承上启下，彰显东方韵味。

· 香风引幔舞

在过渡到样板房花园的室外连廊中，静心领略清风掠过金属屏风，发出的微弱灵音，旁侧“衍香拢翠”的海棠疏影掩映到屏风的格栅之上，重重叠叠，美轮美奂。样板房花园以传统中国院落概念为原型，并通过当代语境重新演绎了这一概念。依循府院礼序，建立多重院落“清风扶摇”，在现代环境中重新建立了“家”及“家庭成员”的传统的意义。

· 仙境寻梦影

艺术田园体验区“海棠春梦”，以“鲸”的形象为主题，打造专属于这个时代的爱与回忆。倡导家庭成员之间的互动与分享，传递爱、连接爱，关爱全龄成长与梦想。将亲情、友情、勇气与冒险散播在海棠林下，愿花开风起，梦游天下。

家天下

花样年 家天下
FAMILY IS ALL

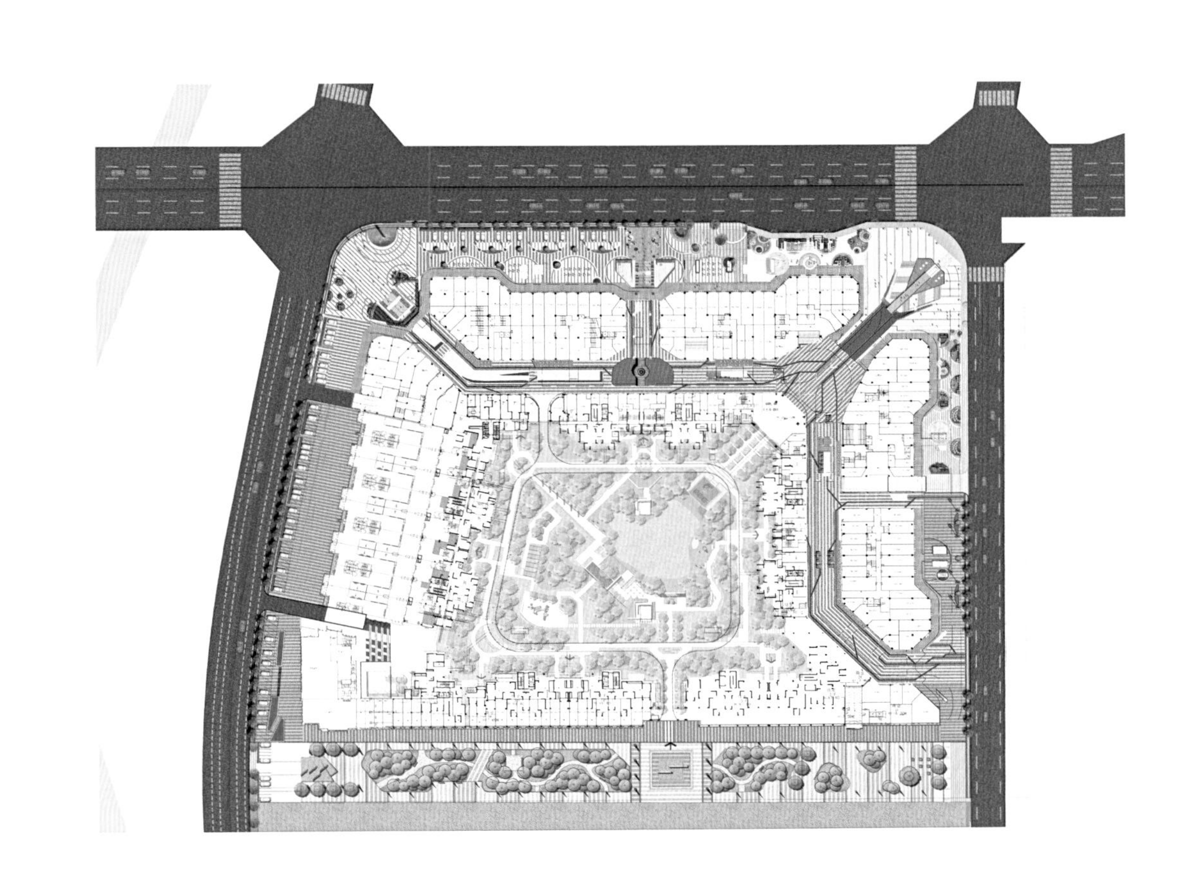

建发 · 鹭洲里

项目名称：建发 · 鹭洲里商业街景观设计

项目位置：成都市高新区天府二街伊藤洋华堂旁

规划景观设计面积：30 000 m^2

建成时间：2016 年 10 月

设计团队：基准方中成都创意中心景观室

建发 · 鹭洲里商业街景观东临伊藤洋华堂，北侧是嘉里雅颂居，地理位置优越。建筑呈围合布局，整体形态规整，东侧、北侧为四层商业建筑，西侧为商业别墅，南侧以底商为主。建筑立面为现代风，主题色调为米黄色面砖搭配咖啡色面砖，其中垂直角通体、外廊栏杆装饰采用木质元素，拉近建筑与人的距离，展现了森林风格气质。

设计概念与目标

· 新森林风格体验中心，打造“最绿色”的商业街

建筑、景观、室内保持统一的森林主题，突出绿色生态的新都市理念。以城市森林为脉络，从“森林”中提炼绿色丛林、植物藤蔓、树屋、蜂巢等作为设计原型，打造与众不同的体验式绿色开放街区，体现都市休闲乐活气氛。

· 休闲互动的社区中心，打造“最好玩”的商业街

我们希望打造花园式购物商业街区，一个个别具风情的互动体验花园，如一朵朵涟漪在商业街中盛开绽放。慢活咖啡花园、主题儿童活动花园、特色互动水花园、玻璃桥等，风情化的休闲氛围、现代新颖的科技互动体验、绿色的建筑丛林、新颖现代的景观元素，是建发 · 鹭洲里商业街景观的核心组成部分，也是整个项目重要的新闻点和话题点。

设计策略： 五维商业体验

· 一维：商业引爆点

以一个特色点位和因素激发人们的好奇心，在景观设计中强化视觉记忆，形成一个特别的，具有超高识别性的视觉亮点，吸引人群能够慕名而来。

· 二维：创意性路线

购物游览路线具有清晰感：在流线梳理上，要符合人们对购物游览的需求，让人觉得动线清晰、行动方便。

购物游览路线具有创意性：将创意故事融入景观环境中，通过艺术休闲的形式表现，从而实现消费过程的愉悦性和较长时间的游玩性质。

· 三维：舒适性场地

注重公园式购物环境的营造，以体验式的休闲空间将商业的价值最大化。

· 四维：时空与时俱进

空间具有时空多维性，让场地在各个时间段发挥不同的功能作用，注重不同时间段的景观效果呈现。

· 五维：情绪性体验

多方位的超体验空间营造多样氛围，可以满足人们的各种需求，使人们对这个商业产生依赖情结，无论有任何需求都会第一时间想来这里。

建发 · 鹭洲里共享体验式街区，集“特色餐饮、休闲娱乐、文化创意、运动体验”于一体，打造以“森林休闲体验”为主题的特色街区商业！这些精心编排、有滋有味的景观项目，淋漓尽致地诠释了什么叫真正的“体验式商业街区”。

METRO
别墅
是时候回归 原本的样子了
锦江壹佰墅PK你的别墅
天府新区核心区
纯别墅社区
1500亩体育公园
亿元顶级会所
3000米锦江
10000m²儿童情景乐园
锦江壹佰墅
9月全新面世
CITY WALK
METRO
成都高新商场
期待你的光临
麦德龙入口/20-60m²小金铺
—全城热抢—
2日
CITY
METRO
METRO

METRO
麦德龙

METRO
CITY WALK
BONWE

程清荣
创始人、董事长兼总经理

个人简介

四川荣县人，从事建筑施工管理工作近 30 年，于 2006 年 3 月创建四川罗汉园林工程有限公司，现任公司董事长兼总经理。公司倡导“从业升值，合作共赢”的经营理念，为您想得更多为您做得更好，为客户打造高性价比生态景观和促进行业健康发展作是我们的使命与担当！

罗汉园林

罗汉园林

成都万华麓湖生态城

项目名称：麓湖生态城·麓客岛（花岛）景观

业主单位：成都万华新城房地产有限公司

设计单位：成都纬度景观设计

施工单位：四川罗汉园林工程有限公司

花镜施工：成都惠美花境公司

施工面积：约 100 km^2

施工时间：2016 年—2017 年

被誉为中国神盘之一的“麓湖”，每周都会迎来无数慕名而来的景观从业者和川内外游客的参观。凡参观游玩过成都万华麓湖生态城的，无不为这里的建筑、景观感叹折服，或许因为专业、匠心、创新；也或许是那份隐含其中的那份自然与任性！

由四川罗汉园林施工的麓湖生态城·麓客岛景观包括 B4 岛三期和天府大道主入口，其中 B4 岛三期景观有马厩、花园区（花岛）、湾区（游乐区）、花环区四大核心区。

今天给大家介绍的麓客岛花园区（也简称花岛）景观，灵感来源于英国切尔西花展，它结合地形地貌和展示需求，划分出若干不同功能区，各功能区既相对独立又互相映衬浑然一体，以景墙、廊架、亭榭、高大乔木及花树为背景，配以缤纷花境。营造期待移步异景 360° 全方位自然画面感，让景观更加生态，让绿树鲜花遍布每一个角落，无须庄严肃穆，只求慢调与自然、情趣和任性。

施工中，每一时刻和每一个区域无处不体现建造者的专业与创新、专注与任性。这样的景观是没有施工图的，也不可能有施工图，很多时候是甚至没有方案图，仅凭借一张照片或一种意向，没有标准的成型样子，只有大概的方向和效果，反而让甲方、设计、施工方更能放开手脚，发挥专业，激发潜能，因地制宜地造景。好景观是折腾和调整出来的，施工中按照达成的意向方案，位置不对便不停地调整，材料不对便不停地更换，工艺不对便不停地尝试，施工过程中关注成本而不在乎成本，关注总工期而不在意每一个时间节点，一切以最佳为准。正是有着出好作品做不一样景观的共同追求，通过不断地沟通、交流，在理解、信任的基础上，甲方、设计方、施工方三方融于一体，为好作品任性与疯狂。

花岛硬景中集合了丰富的景观元素和大量新材料、新工艺。有新型清水 PC 砼、石英砂洗石、仿旧枕木等不同材质的道路铺装（汀步），有青砂石、黄砂石、龟纹石、清水砼、钢架原生白桦木、不锈钢笼片石、耐候钢等不同材质和工艺景墙，还有不同材质的木平台、螺旋状木格栅、微型木质婚庆小教堂等。

花岛软景施工中树木栽植点位是关键，必须和功能、地形、对应硬景相结合，施工时反复推敲和调整，高大乔木、二乔和花树的选择必须锁定枝叶疏散轻柔飘逸、季相分明的品种，才便于后期花镜配置，尽量避免桂花等浓密且绿量大的植物。

在后期的花镜施工中，成都惠美花境公司不仅自身花镜资源丰富，更是匠心独具、施工精益求精。毛地黄的梦幻，松果菊的妩媚，虞美人的热烈，红枫的舒展，观赏草的飘逸，加上龟纹石的原始厚重，耐候钢的现代质感，枯树干的生命年轮，使得花境与硬景浑然一体，相得益彰。

麓湖花岛的美无以言表，如果您喜欢，真诚欢迎您光临品鉴！

Stone Garden 原石庭院

MR.LUXE ISLAND GARDEN

动静反转、光影摇曳，生动地构筑了瑞鹤升腾、祥云流彩、见贺见喜的氛围。但其中不锈钢规格为 3600 mm × 1006 mm × 10 mm，如此大面积的不锈钢版面，为防止形变，在运输过程中项目只有平放均匀精确，防止运输持续震动，挠度变形极小，最终才能保证安装校正平面的垂直，进而保证水面流动的均匀。

围墙中的原灰木纹大理石项目根据甲方意图改为亚光面的仿灰木纹瓷砖代替，用人造材料来代替天然大理石材，几经比对，云纹调节，反复打样，最终确定，价格不到十分之一，工艺完美到视觉无法分辨，一样还原了设计的初衷。

拾级而上，干净整洁的海浪花梯步旁边是点缀的小花境，浪漫温馨，自然野趣，让人在不知不觉的欣赏中，忘记了高差，忘记了台阶，忘记了围合，来到了榉树的丛林，旁边的粉色乱子草，粉花如黛，似梦似幻。右边的阳光草坪平整如毯，火山榕的绿篱顺直成线，梯步边用度钛不锈钢板包边，景墙用度铜不锈钢条堪缝，精致细微，工艺及细部处理一眼就能看出施工用心极致。左边是 T 台入户，两排 1200 mm × 600 mm 整块厚重的芝麻黑，一铺到底，简洁大气，配以中庭三株蓝花楹柔美轻盈，辅以小巧如落叶的雕塑片叶，悬浮在水墨画的马赛克水景之上，浅水如镜、天光入画、气韵蔓延、雅之至极，生动诠释了宋之美学的精髓：极简极美。

椿山之美，美在精益求精的工艺中，也在追求完美的情怀中。

蔚蓝卡地亚·黑钻

项目名称：蔚蓝卡地亚·黑钻

业主单位：成都宏懋实业有限公司

设计单位：四川蓝海景观设计有限公司

施工单位：四川罗汉园林工程有限公司

施工面积：约 40 000 m^2

施工时间：2014 年—2015 年

蔚蓝卡地亚·黑钻是紧邻成都的郫县城区的城市级别墅项目，项目利用该地块的天然温泉，投入巨资，缔造了西南最大、最高端，同时也是距离成都市区最近的顶级温泉别墅社区。

蔚蓝卡地亚·黑钻作为顶级城市别墅，加盟众多，大师云集：美国亚特兰大威廉·贝克规划设计有限公司担岗项目总平规划设计；建筑设计团队邀请的是以擅长“法式城堡”设计风格的香港兴业建筑师（国际）有限公司；“香港空间美学大师陈建中先生”倾力打造酒店及别墅空间设计；全球顶尖光彩工程公司美国碧谱负责项目酒店及园区的光彩工程。

其景观设计更是追求极致完美，设计充分结合场地及建筑特色，注重耳目一新的视觉感受，尊贵自然的感官体验。在空间场景，细节刻画等方面，精益求精，有强大的场景感，仿佛瞬间回归到古典园林的世界。

设计充分尊重场地的空间布局，选用树木绿植，造型各异的园林景观小品，设置好空间转换，增强了景观的通透性，尤其充分挖掘契合场地和建造的气质，衬托出蔚蓝卡地亚的华贵大气和轻奢精美。

酒店入口是精美细致的欧式拼花，现场放线，定制加工，水刀切割，运输保护小心谨慎，铺装时选用技术精湛的工人用心拼贴，结合水花四溅的跌水，配合典雅的欧式花亭，阳光洒落，材料的质感，工艺的精湛，苗木的精美，修剪的精细，点缀的精巧，衬托在恍若城堡的入口，优雅尊贵的贵族气息四处弥漫。

沿着整齐对植的羊蹄甲大道往前，是异域风情的加勒比岛屿，以喷泉、跌水、精致的雕塑、层次感丰富的热带植物营造的绿洲环绕，精美细腻，同时与安静开阔的人工湖结合，浑然一体，湖区的背景林纯粹自然，施工时特别注重林冠线，高低起伏，错落有致，虽由人做，宛自原生，水光掩映，自成情趣。

酒店的景观精华在温泉区域，泡池的私密结合休息亭子的造型，由景石来统一泡池和分割区道路，这里景石的大小，体量和布置方式，是施工的亮点，每一块石头都有一个故事，匠人们从选石标号，斟酌观赏面，到最终摆放定型，都有它们独一无二的位置和与众不同的表现力。

别墅的前场是植物造景的典范，精致细腻的微地形，施工前设计师在图纸上反复推敲，现场施工时一丝不苟，从不同的角度来调整观赏面，甚至在建筑中像业主一样从不同的空间高度、角度来看地形，模拟高尔夫的起伏变化，长坡缓线，自然流畅，其疏林草地，回环转折，节奏明快，空间收放自如，旱溪穿流而过，溪边花草繁茂，岛上花树造型成趣，虽无流水之有形，却仿佛处处流水潺潺，无声胜有声。该段乔木可谓株株精品，项目在苗木选型上煞费苦心，乔木的分支、冠幅、有无背景林树和孤植树的区别，追求极致，完工后前后景，天际线等非常优美。而灌木中层多用球类，项目施工时特别注意球类大小错落，层次丰富，颜色各异，施工中修剪整洁，自成特色。地被多用鲜花，色彩缤纷，气氛热烈，结合球类色彩，干净整洁，品质感极强。

蔚蓝·卡地亚黑钻是罗汉园林公司的精心之作，无论石材的加工工艺，苗木的多次选型，还是假山叠石的技艺，材料和工艺都展现出罗汉人精益求精追求完美的工匠精神。

张坪
创始人、董事长、首席设计师

对于"西南的价值"的理解

西南——涵盖了云、贵、川、渝、西藏五省区市的辽阔土地、八千里路云和月：这里山川秀美、河流纵横，这里文化多元、植物多样，这里崇山峻岭、天堑变通途，这里的人质朴倔强敢为人先。西南地区是大自然馈赠于人类的景观宝库，是启迪了当代景观人创设灵感的源泉！山地景观作为西南景观的重要组成部分，通过地形地貌的处理、交通组织的连接、景观视线的互动，让人参与其中，获得不一样的景观体验，构成了多维立体景观，形成了西南景观特有的景观符号。"西南的价值"在于人的价值，在于创新的价值，在于敢于把梦想变成现实的价值，衷心希望西南景观人把地域优势转化为设计优势，形成自己独树一帜的设计风格，形成西南的风格。

蓝调国际

蓝调国际
CBULD

嘉陵江湾 十年筑城

龙湖 · 江与城

设计时间：2006 年—2017 年

项目位置：渝北区大竹林

开发商：龙湖地产有限公司、置地控股有限公司

改革开放以来，中国的各大城市迅速“觉醒”，大量人口涌入城市，使城市迅猛发展。各种城市发展的配套设施也如雨后春笋般地展现出来。但这也给原有的生态带来了极大的破坏。天空不再明亮，河水不再清澈。生态问题已经成为我们社会的一个重大问题。

在这样的背景下，龙湖·江与城项目于2008年启动，作为一个新型的综合性社区，我们在功能和生态的思考上必须有新的高度和负责任的态度，龙湖·江与城带着自己的使命在大竹林谋篇布局。蓝调国际作为景观设计，有幸在项目初期参与其中，去探索和思考。项目西临嘉陵江，东靠大竹林，依山傍水。它还处在嘉陵江滨江公园的起始端。它将是城市发展道路上的一个新起点。既要打破原城市滨江路形成的城市布局，又要重塑现代化的新型社区。

面对这样高的标准，项目首先规划的是片区的生态系统，梳山理水。建立三大公园体系，有效解决了社区与周边城市未来发展的问题，解决了社区与嘉陵江的生态连接问题，社区内部的生态走廊问题和雨水收集问题。中央绿地公园、体育公园和滨江公园无不是以建设生态海绵城市为理念。其次，项目开发初期我们就设计好了各个组团间的城市公共空间。健康步道、城市小绿地、各种街道、标识系统以及灯光照明在2008年初期就基本形成。很多新的大规模的社区在10年以后才开始使用这样的手法。所以，龙湖·江与城项目的成功不仅在于外观好看，设施好用，而且在于项目初期正确的策略，这决定了它的与众不同。

城市建设的观念进步也给江与城提供了更大的加持，滨江路在此绕道，不再割断滨江公园与人的联系。沿江的水生动植物形成与人无隙的共融共生的关系，还原了江与城应有的格局。在此居住的不只有人，还有万物生灵。

涅槃的记忆

保利·凤凰湾

项目名称：保利·凤凰湾

委托单位：贵阳保利投资房地产开发有限公司

施工进度：2013 年 12 月至今

项目规模：128 000 m²

2012 年 5 月 31 日，贵阳发电厂永久性关停。从点亮贵州历史上第一盏电灯至今，贵阳发电厂已经运营了整整 85 年。走进这座有着近百年历史的老厂，那些待拆的发电机组设备，虽然已经斑斑锈迹，但还能依稀看到它们当年的荣光。2013 年，蓝调景观有幸能够参与到这块土地的复兴和重建。蓝调国际景观作为一家在山地景观领域具有丰富研究经验的设计机构，意识到整个项目需要运用大量的山地景观策略和经验去重构这块场所。地块紧邻花溪大道老旧城区，前临南明河，其中包括 2.4 km 的滨河沿岸线。项目从城市的角度入手，无论是提升老旧城区公共空间的质量，还是治理山体公园和河道的生态，这些对于城市建设都是意义非凡的。

将重工业用地改造成为一个宜居的生活场所，这样的命题本身就是极大的挑战。曾经推动工业文明进程的电厂现在却成了被人遗弃的旧址。首先我们需要梳理的是项目的景观结构和系统：一条滨河水廊、一座山体绿脉、一条风情景观街、一座山体运动公园。这四个核心结构构建起整个项目的绿色生态基础设施。

随着项目推进，我们首先在项目启动之际，对滨水空间进行处理。项目设计协同南明河治污处理工程，将原本污臭的水沟改造成了清澈的城市河道。一条仅 5 m 宽的滨水路形成一处高品质的城市滨水开放空间。设计通过重新构建的滨水空间的驳岸，绿化边界，在河道内设置拦河水坝提升水面高度，增设大型景观喷泉和河道的水下森林去改善河道的水质。同时沿河道设置了一条以日本晚樱为主题树种的樱花大道。当樱花飘散在河道两侧时，人们在河滨游赏之余不会再回想当初被污染的山体和河流。场地的生态改造是项目成功的基础。项目能够对被污染的场所进行修复和治理，并使其重新焕发出生机。

项目的基地背靠贵阳城市山脉——凤凰山。“凤栖

保利·凤凰湾

南明”文化概念就这样被引申了出来。将凤的文化元素穿插在项目风情商业街的处理上，赋予了项目独特的贵阳风土人情。

从游客踏上凤凰湾的那一刻起，首先映入眼前的是入口处凤凰叠水大景墙，慢慢穿过颇具震撼力的大门，便如时光穿梭般漫步于缤纷艳丽的樱花大道，置身于凤凰翎羽般特色的街道铺装机理之中，去感受水滨广场特色河道的波光灿烂，河天一色。老发电厂以凤凰涅槃般的方式将“火与水”的概念重新展现于场地之中。

沿山体的边缘，我们修复了被破坏的山地植被，固化了土壤，在拆除了原有电厂的厂房之后大量恢复了绿地，对脆弱的山体进行了保护。利用场地的竖向高差因地制宜地设置了大量的运动场地和儿童场地，增加了城市居民的户外运动方式。一些工业遗留的设备和管道在公园里得到重新利用，焕发出新的生机。

如果以往的工业遗址是以保留的方式对过往进行缅怀，让冰冷的工业设施去震撼人们的观感，那么在贵阳电厂的改造中，我们始终思考如何将这样一块位于城市中心的高价值土地焕发出更强的生命力，通过对生态的治理，对城市滨水开放空间的改造，使原本衰落破败的工业角落焕发出全新的活力，让这块不断给人们温暖和光芒的土壤继续带给人们对于未来生活的向往。所以，我们便以“凤凰湾”作为整个项目的命名，去承载这片土地对于过往荣光的追忆，更是承载了人们去开启未来的希望。

龙湖 · 大足海棠香国

项目名称：海棠香国历史文化风情城

项目位置：重庆市大足区

开 发 商：重庆泽京实业发展（集团）有限责任公司

设计时间：2011 年—2012 年

项目规模：58 000 m^2

重庆有着悠久的历史和独特的人文风貌，各个城区都有自己的地域特色和文化。山和水的理念不断滋养着这片土地，继而孕育出非同一般的故事。重庆大足，因传说“有海棠而独香”，故有“海棠香国”的美名。“海棠香国”秉承大足文化精髓，融合千年历史人文，鼎力打造集历史文化风情城、滨河商业休闲街及高尚住宅为一体的人文景区繁华大城。

在蓝调景观的设计观念里，我们始终认为“山地景观”是诠释重庆文化最好的设计方法。我们认为具有重庆特色的山地景观是指人类在山地及丘陵区域的生存活动产生影响并与之关联的人造及自然景观的统称。从景观美学、行为心理、景观生态学等多维度出发，崇尚山（文化图腾）、地（场所精神）与人共生共融，是人们“乐山乐水”的人文主义情怀的具体表现形式，同时也是对未来田园生活的无限向往。

山与地、山与水、山与城，构建了不同的山地景观的特征和风貌。我们希望运用这样的策略去重现几百年前“海棠香国”的盛世景象。

项目景区由昌州古城、香霏街组成，毗邻海棠森林公园，濑溪河绵延流长，穿流其中。昌州古城，再现古昌州时的建筑风貌，城内以繁华的宋代街市文化和民间民俗文化为主要构成部分，以写实的手法融入了宋代的官府街门、寺庙街坊、百家祠堂、手工作坊、戏台戏楼、客栈小吃等日常生活建筑，让游客在体验中感受宋代昌州城的热闹景象，必将吸引大量的旅游观光客；香霏街，其中式现代的人文建筑，与高端商业相结合，将濑溪河的水流引入其中，形成建筑、水体、商业、景观的完美融合，其“新天地”模式的小资商业群，对邻昌州古城，希望能将其打造成一个周末休闲度假的旅游目的地。

巴渝之地在历史沿革过程中没有形成独特的巴渝园

林，但是巴渝人却以自己坚韧的生存智慧在这片丘陵河川之地塑造了自己的山水精神。设计团队修复了濑溪河的河道水质，在河道两岸重新建构起稳定的滨水生态群落，用生态的方式重现了当年的自然风光。

昌州古城沿河道南岸设置了城墙箭楼，残墙花林，使宋风宋韵的古城有自己的边界和领域。良好的竖向设计解决了河道消落带的影响，复原河道驳岸的渡口和码头，再现了海棠香国的水运繁荣。

沿城门设计了码头旗幡，彰显了当年古城的热闹与气势。河道南侧以一条现代中式的特色风情街区作为的呼应，形成了一古一今的鲜明对比。昌州古城，独具宋风古韵的魅力，徜徉其间，再续前世姻缘；香霏街，现代中式风格商业街，置身其中，漫步今生情路。两大商业组团特征鲜明，爱情主题的引入使人叹为观止。畅游“海棠香国”，揽尽十二美景，更可亲身参与互动。在绣楼下，鸾凤求缘，等待大家闺秀抛出的红绣球，体验古代婚俗。在府衙设置的爱情时光银行，情侣们可在此存放爱情信物或书信留言，约定来日重温旧事，“海棠香国”文化积淀厚重。据了解，“海棠香国”一词最早出自南宋著名地理学家王象之《舆地纪胜》里的《静南志》。《静南志》里有这样的记载：“昌居万山间，地独宜海棠，邦人以其有香，颇敬重之，号‘海棠香国’。”所以，项目中以海棠为特色的树种形成不同海棠主题的植物区域，来重现香国之韵味。

在大足还有着历史悠久的石刻文化，大足石刻是世界八大石窟之一，是唐末、宋初时期宗教摩崖石刻，以佛教题材为主，因此，项目在连接濑溪河道两岸分别通过石刻拱桥的方式传承了当地的文化。并且将佛教的禅宗意境引入到景观的体验之中，形成空灵的禅意场所，让人们在古今对话的景观空间里再次体会平和自然的心境。

山与地、山与水、山与城是巴渝景观人寻求永续的时空纽带，与自然共存的生存哲学。在这片土地，我们不仅通过这样的理念构建了一个文旅项目，更多的是去尝试将巴渝山地景观的精神植入当代景观空间里，让人们有更多机会去感受这片山水的独特魅力。

丁吉强　创始人兼总经理

对于“西南的价值”的理解

通过西南景观协会这个平台将西南地区独特的地理、山地城市景观的总体空间形态、道路交通体系、建筑布局与设计、绿化种植与营造、特色设施等体现得淋漓尽致。同时，通过协会把行业的设计标准、施工工法标准进一步进行完善和统一，对过去的设计、工程管理案例进行总结，对未来景观的设计发展方向、工程管理的发展方向起到引导作用。

吉盛园林

万科 · 金色悦城

开发公司：（万科）重庆房地产有限公司
前期概念：玛莎 · 施瓦茨
景观设计：重庆佳联园林景观设计公司
景观施工：重庆吉盛园林景观有限公司
项目位置：重庆市沙坪坝区凤鸣山

玛莎 · 施瓦茨，景观史上公认的十大景观设计大师之一。在万科 · 金色悦城，玛莎 · 施瓦茨的艺术设计第一次邂逅山城重庆，钢铁与溪流碰撞出来的灵感火花，让万科 · 金色悦城成为重庆景观史上一个不得不说的传奇。

万科 · 金色悦城是万科（重庆）首次进入沙坪坝区打造的全配套综合大社区，也是万科（重庆）首次将现代铁艺与空间家园巧妙结合的景观突破，玛莎 · 施瓦茨的立体艺术设计与城市原生山地地貌完美嵌合，其独特的几何雕塑设计，在突出强烈秩序感的同时，融入重庆的环境中，使得万科 · 金色悦城成为一个现代感十足的代表之作。钢铁工业元素与溪流水景巧妙呼应；灰白相间折线形的地面铺装将现代工艺展示得淋漓尽致；颜色大胆鲜艳夺目的景观装置物。无论从设计概念、线型结构，还是空间氛围的营造上，都属于上乘作品。

深度理解大师作品，首次采用立体模型解构施工问题

玛莎 · 施瓦茨擅长运用几何形状，采用圆形、方形、网格、条形和椭圆形等形状展示空间结构，她也喜欢将非常规的现成品用于景观组合中。万科 · 金色悦城是玛莎 · 施瓦茨首次与万科（重庆）合作，首次为重庆量身定做设计，其重要意义不言而喻。

吉盛园林接手这个重要的项目，立刻组织公司最精明强干的员工组建项目团队，反复揣摩、解读大师设计。玛莎 · 施瓦茨原设计空间变化大，对施工要求高，吉盛团队担心施工理解与大师设计有偏差，为了让设计效果落地率更高，吉盛对整个项目景观做了一个 300:1 的沙盘立体演练模型，用模型展示对大师作品的理解，更利用模型研讨如何尽善尽美地展示作品。这也是重庆景观施工史上第一次利用沙盘模型解构设计。尽管耗时费工，但这样能够帮助施工团队现场研讨模型，更好地理解效果并做出方案的优化，不仅让甲方心中有底，也为施工队伍深入了解了项目的标高关系、地型特色做足了准备。

自主研发产品，解决材料工艺等技术难题

万科 · 金色悦城成为万科（重庆）的代表之作，其完美展现大师设计是成功的重要因素，而在施工中所遇到的难题，也是难以想象的。最终呈现出的作品中，包含了吉盛人的心血和艰辛。

材料，是吉盛园林最头痛的问题，项目 A 区的景观设计中有一块 50 m 左右的折形艺术压模挡墙，折形压模工艺在国外是一种常见的工艺手法，但在国内还没有成熟的工艺，重庆更没有任何一个项目出现过。通常在这种情况下，一般的施工企业从施工难度和成本方面考虑，会建议设计师进行修改，或用其他相类似的材料进行替换。可这次的设计师是玛莎大师，她在国外做过类似的设计，呈现的效果非常好。“不能让大师觉得我们完成不了。”吉盛园林给团队下达死命令，施工负责人泡在厂家，研究新材料、新工艺，经过多达上百次的试验，最终做出了大师所要表达的形态，呈现了大师想要表达的艺术感觉。而这面墙也被命名为“玛莎墙”。

首创 PC 混凝土踏步，完成大师原设计

玛莎 · 施瓦茨在万科 · 金色悦城的设计中，大量运用了国外的成熟技术，但很多技术要求在国内尚属首次，除了折形艺术压模档墙之外，PC 整体混凝土楼梯清水饰面也是第一次呈现在大家面前。

这种混凝土预制构件要求在生产厂家浇铸出户外踏步的整体构件，现场进行安装。这一看似简单的工艺，却难住了国内的生产厂家。抱着“一定要尽力呈现大师原设计”的信念，吉盛园林和生产厂家反复研发实验，直到拿出最佳的产品效果。当 PC 整体混凝土踏步在万科 · 金色悦城顺利安装时，甲方也对吉盛园林精益求精的施工要求竖起了大拇指。重庆的园林施工团队又一次实现了“零突破”，为未来的景观施工解决了一大技术难题。

追求细节完美，吉盛园林不怕成为“强迫症”

一旦全情投入，就会追逐细节的完美，直到无可挑剔。吉盛园林对于景观施工有着不尽的追求，在万科 · 金色悦城项目上更是如此。

万科 · 金色悦城景观中有 8 个橘色装置和 3 个跳舞人的制作安装，对于很多人而言，会认为这仅仅是一个装饰而已，只要做好造型，安装上去就可以了。但事实上，由于橘色装置外形是几何体，空间造型难度大，加上孔隙为渐变孔，其间距和大小是渐变设计，同时，造型色彩也是由浅到深，施工难度之大，超出常人的想象。稍有疏忽和偏差，其装置的效果将完全走样，严重影响了设计的完美性。

为了解决这一问题，吉盛园林按照标准尺寸制作了一个 1:1 的模型，对中孔的尺寸要求细致到 1 mm 的微差，针对每天不同的时间段调整光源体的摆放，对灯光的安装调整不下百次，查看不同的阴影效果，正是因为这近乎疯狂的研发精神和对细节的追求，最终完美地呈现了作品的细节效果。

步入万科 · 金色悦城，立方体的结构、灰白的基调及铁艺的设计，构建出现代感十足的城市建筑之风貌，而阳光透过雕塑孔隙的光影随着太阳的移动而跳舞，庭院中精心挑选的草木伴随轻风而吟唱，软硬无缝结合，疏繁有别，动静相宜，吉盛园林用巧夺天工的工艺让来自美国的景观艺术在山城落地开花。

铂悦澜庭

开发公司：旭辉地产、东原地产、华宇地产

设计单位：成都赛肯思景观设计有限公司

景观施工：重庆吉盛园林景观有限公司

项目位置：重庆市南岸区弹子石

一江隔两岸，北岸时尚新潮，南岸钟灵毓秀。南岸依江有条南滨路，素有“重庆外滩”之称，靠南山傍长江，衔晨曦吞落日，极享都市自然生活。

铂悦澜庭，是铂悦系列重庆的作品，铂悦系列以轻奢别墅的新居住主义及新视觉感受，曾在苏州、南京等地引领了居住新主张。此次，旭辉地产首次在重庆最贵气的南滨路，与华宇地产、东原地产携手合作巨献城市江岸轻奢别墅——铂悦澜庭，让全新的建筑与景观无缝连接，无愧于南滨这片风水宝地。

东方轻奢新主义，完美展现水石景观

铂悦澜庭建筑立面与景观以东方轻奢主义为设计理念，在设计中融入东方儒家礼制的高台明堂理念，开敞庄严，因地势的起伏而向上层层升起，形成四个台地，拾级而上，极具有东方仪式感，施工中充分运用石材的精细切割，石缝线条细如发丝，镶嵌完美，烘托出东方式威严及严谨。

镜面式水景不仅与立面互为印衬，其宁静的水面也与槛外滚滚长江构建起一动一静的东方禅式意境，进一步强化东方山水无间结合的建筑理念。在水景的施工中，吉盛园林参考济南“趵突泉”的观感及理念，无数次调整喷水的高度，既不过高显得突兀，也不会过低产生不了与访者的互动。反而用一种低缓的喷水高度，调节与高台石景的景观互融，微微动感的水面，冲刷掉石材的沉闷感，突出新贵们的轻松与时尚，很好地表现了轻奢主义调性。

门墙厅院四重体系，解决干挂石材技术难题

铂悦澜庭景观充分运用东方设计理念中的“门墙厅院”四重体系。木门石墙、方厅正院，既有传统奢华元素，又不显得过分凝重，符合当下城市新贵的品位。木石的硬景对施工工艺要求极高，吉盛园林不惜重金，调动公司最富有经验的能工巧匠，一丝一环，力求工艺的完美无瑕，同时，针对施工中遇到的技术难题，吉盛园林数次对比实践，找到切实可行的解决方案。

以干挂墙体为例，设计以钢结构为主骨架，干挂 40 mm 石材。在墙体重量方面考虑不足，施工难以进行，经与设计方沟通，吉盛园林改用 14 mm 仿洞石，在面上粘接石材条达到拉槽的效果。这种工艺对规范操作要求度极高，吉盛的施工团队经过数日调试，圆满完成工程。

PRIME ORIENTING

中央“夹水廊道”，完美攻克池壁返碱

铂悦澜庭大量运用水景与石景的融合，因而产生了一些难以避免的问题，比如“夹水廊道”的水池池壁，如果采用通常使用的施工工艺，由于水与水泥的化学反应，池壁会出现明显的返碱现象。

针对这一问题，吉盛园林从干挂墙面得到启发，通过简易干挂来施工处理，缝隙用密缝打胶处理，很好地解决了返碱问题。在池壁采用干挂墙面的技术，施工时每道工序必须施工到位，虽然增加了工作时间及难度，但效果达到了最佳。清水景配以两侧整齐明灯，步行其中，感受到一种仪仗队夹道欢迎的仪式感。

铂悦澜庭打破传统豪宅的沉闷内敛，似一股清流，赋予建筑一种轻奢主义的雅致，对工艺也提出了更高的要求。吉盛园林精心设计每处细节，以几近完美的细节处理，让铂悦澜庭经得起考量与检视。让铂悦澜庭焕发出勃勃生机，居于其间，满足城市新贵的居住需求及精神享受，从而将建筑与景观升华为一种新都市人文生活方式。

长嘉汇购物公园

开发公司：重庆招商置地开发有限公司
项目方案：重庆市承迹景观规划设计有限公司
深化施工：重庆佳联园林景观设计公司
景观施工：重庆吉盛园林景观有限公司
项目位置：重庆市南岸区弹子石

1891 年，重庆开埠设立通商口岸，英美等国在重庆纷纷设立领事馆，开设洋行、公司，弹子石老街一时万商云集。长嘉汇购物公园就是在原弹子石老街的原址上全新修建的一条极具老街风情的时尚商业街。

整条商业街傍依南滨路，毗邻长江和嘉陵江交汇处，直面朝天门码头，远眺重庆大剧院。历史传承的年代感和时尚的潮流汇集在长嘉汇购物公园，都市的繁华气息，老街的古老风情，在这里都能找到。

水，是城市的灵魂

因为有水，重庆这座城市特别地灵动。一个新兴的复古商业街怎么能缺少水？于是，水景的完美呈现就是吉盛园林首先要直面的问题。弹子石老街上，老重庆特色与英美异域风情并存，长嘉汇购物公园里也特别设计了一个西式许愿池。其水体设计为镜面出水，整体为冰瓷玉马赛克铺贴，池壁为弧形外挑，池底设不锈钢荷花雕塑。看似简单的一个设计，却对施工提出了高要求：意向图片不清晰、没有精确排版图纸、施工人员无法进行精确排版以达到设计意图。

没有解决不了的问题，尤其是在吉盛人面前。吉盛人很快找到了镜面出水的解决方案：出水口由 25 PVC 给水管喷出；设置集水坑，采用不锈钢盖板取孔出水；在集水坑内使用弯管向下处理，缓冲出水速度；增加出水管数量，减少每个出水口的出水量。事实上，这样巧妙处理之后，镜面出水达到了设计要求，完美的出水效果烘托出一种庄严宁静却又波涛暗涌的感觉。

彩色马赛克铺装，极具异域风情

彩色马赛克在西方教堂大量使用，其七彩绚丽的感觉，让人体味到繁复华丽之美。但在许愿池设计中，由于池壁呈弧形外挑，其弧面的铺装非常不易。吉盛园林做出施工图，在许愿池画出中轴线，再根据排版图编号，从中心位置的马赛克片（500 mm × 500 mm）开始进行整幅摆样，确定起铺方向。使用白色德高石材黏接剂进行粘贴，粘贴前将相邻马赛克片间的拼缝严格调整到位，防止粘贴后调整，通过对拼缝的提前调整，可使整体达到无缝效果。

同时，使用白色德高石材黏接剂对水体进行整体灌缝、擦凹缝处理，擦缝后及时清洁，使拼缝饱满、色彩更为柔和、协调。整个工程一气呵成，酣畅淋漓，融合了西式的建筑装饰元素在重庆老石街中，建成后，很快成为长嘉汇购物公园的网红打卡地。

石街石阶，重现老街风情

开埠时期的弹子石老街从江岸蜿蜒而上，数百级的石阶串起大大小小的石巷老宅。在长嘉汇购物公园中，大量使用石材拼接，拾阶而上，穿行其中，仿佛坐上一台时光机，重回老街旧时的光阴。

弹子石老街门的石材是吉盛园林不远万里，从外地精心选购打磨运回重庆安装。对于石材的要求，吉盛也有近于严苛的要求。为了控制石材色差，一块石材的选用，要经历从矿山荒料挑选到厂内大板挑选，再到切割后成品板挑选这样严格的选材程序；为了保证到场材料的完美无缺，吉盛园林也会提出超出行业标准的包装和装车要求，以保证石材最完美的实现设计要求。

在长嘉汇购物公园里，灰白的石阶、青黛的砖墙、错综渐变的景观铺地、厚重的石井锈花岗、还有百年的“重庆海关石”，承载着百年历史重新出现在人们面前，让人不禁嗟叹不已。

一座城市需要存留时间的印迹，无论是青苔斑驳的老石、五彩斑斓的许愿池，还是屋顶上飞驰的镂空鹿装饰，无一不体现出建筑对于城市的回忆和思考。在繁华的都市之中，不妨停下脚步，静静地感受一下跨越时间的记忆，漫步其间，体味细腻的景观艺术，让心灵得到休憩和放松。

长嘉汇购物公园
LANDMARK RIVERSIDE PARK
DISNEY
迪士尼
生命之绘
DRAWN FROM LIFE
经典重现
EXCERPT REPRODUCTION SHOWCASE
胡桃

SEA LIFE

Lucca Italy Restaurant
卢卡意大利餐厅

彈子石老街

长嘉汇购物公园
彈子石老街

公司简介

自 2000 年创立伊始，四川蜀汉生态环境有限公司（以下简称四川蜀汉）已走过 18 年风雨历程；18 年中，四川蜀汉致力于服务于自然、服务于社会，还地球碧水蓝天，缔造自然绿色生活。业务已涉及 17 个省市，与万科地产、龙湖地产、融创集团、万达集团、恒大地产、华夏幸福基业等多家 TOP 级地产公司建立了战略合作关系。以美学的思想、文化的理念、艺术的手法、匠心的情怀打造了一个又一个的精品工程，跻身于市政公用工程施工总承包一级、风景园林设计甲级、城市园林绿化一级、环保工程专业承包一级、城市及道路照明工程专业承包一级、园林古建筑工程专业承包二级、建筑工程施工总承包叁级施工企业之列，获得“全国城市园林绿化企业 50 强”“中国园林绿化 AAA 级信用企业”等殊荣。

四川蜀汉

SOHAN
四川蜀汉

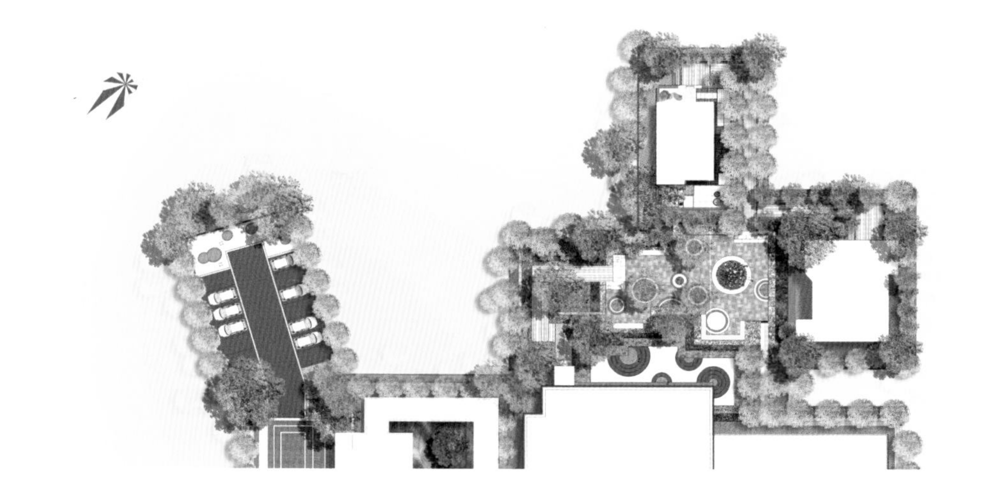

龙湖 · 昱湖壹号

项目名称：龙湖 · 昱湖壹号
开发单位：重庆龙湖宜祥地产开发有限公司
设计单位：HWA 安琦道尔（上海）
景观施工：四川蜀汉生态环境有限公司
项目位置：重庆市渝北区礼嘉礼贤路

江河或大海，都有抚慰人心的力量。人类的各大文明几乎都起源于各大河流，而建造在其周边的建筑，像精神家园般，不仅承载了当地的历史文化，亦勾勒着未来生活的方向。

在舜山府以一座真正的山致敬重庆后，龙湖再次探问山城过往，洞悉渝州发展轨迹，寻找重庆新生，从居者角度出发，探索未来人居生活，将人与建筑、自然融合，以重庆第一座真正的滨水商圈都会生活——龙湖 · 昱湖壹号，实现对重庆“山可筑望宅，水能造倾城”的承诺，为中国滨水人居提供范本。

考虑到人们对高层的全新体验，我们在龙湖 · 昱湖壹号采用现代化建筑风格，在未来建筑中创造现代意境，在美学中缔造荣耀体验，以先于时代的材料、结构和审美，以精工雕筑，力求匹配其出众的阶层风华。更尊贵的体验需要更优秀的设计，更优秀的设计需要更高水平的施工。在龙湖 · 昱湖壹号的承建过程中，四川蜀汉量化匠心极致要求，诠释出了景观工程最佳品质。

首次运用 REVIT 模型，进行施工管理

龙湖 · 昱湖壹号是一个充满探索精神的项目。龙湖以他探索未来人居生活，而四川蜀汉也在此次发起了对未来景观工程发展的探索。在此次承建过程中，四川蜀汉引用 BIM 理念，不再如往常一样，停留在 CAD 和经验上面，而是采用了 CAD 图纸、REVIT 模型结合的方式进行施工管理，更加立体、形象、直观地了解设计意图、场地情况。并且用 REVIT 模型进行进度模拟施工，随时随地直观、快速地将施工计划与实际进展进行对比，打通设计、施工、信息壁垒，减少质量、安全问题，减少交叉施工带来的影响以及返工和整改。

严格要求，注重细节

四川蜀汉一直要求：“每一个细节要做必须做到100% 达标，拒绝做‘差不多’工程！”为了体现军舰蓄势待发，也与建筑“逐浪之舟”呼应，龙湖 · 昱湖壹号的硬质铺装中涉及 600 m^2 左右的平行四边形石材铺装。对板材进行红外线切割后，因为 1.3° 的误差导致铺装缝无法平行，作为一个匠师，四川蜀汉对待每一个作品都如同对待璞玉一样进行雕琢，“差不多”心理、“一点点”误差都是对作品的亵渎。于是，所有材料全部改为水刀切割，做到极致零误差，这也是公司首次大规模地把水刀技术运用在标板切割上。

类似的事情也发生在景墙的建设过程中，景墙采用 1.5 cm 的爵士白进行干挂。1.5 cm 的厚度是不是太不近人情？！在蜀汉，匠心早已被量化为一个个数字，成为“匠心指标”。什么是匠心？满足国家标准？满足甲方要求？采购负责人亲赴厂家，日夜监督加工，以此保证每一个板材的线性统一。技术总监带头操作，将板材的破损率控制到极致。四川蜀汉匠师用行动写出答案：匠心就是将人能做到的事情，做到极致。

优化的不仅是技术，更是理念

有人说优化师是一个造梦者，充满探索和创造，把无数的场景碎片组合、拼接并传递出去，直接而充满力量。在某些时候，四川蜀汉不仅是一个匠师，更是一个优化师。

龙湖 · 昱湖壹号水体面积近 1000 m^2，除了要解决水体景观泛碱的通病外，控制标高也成为建设过程中的重点。

对此，蜀汉采用预埋钢板、池底材料架空的施工方法解决水体泛碱的问题。在此基础上结合红外线以及 BIM 技术来控制标高。四川蜀汉不仅质量上有精益求精的追求，在服务上，更是有人性化的思维。考虑到水景面积大，增加了后期清洁维护的难度，四川蜀汉对池底结构进行了二次优化，采取了一系列排水、节水措施，这不仅响应了龙湖 · 昱湖壹号的生态建设要求，让设计完美绽放，更延长了美景的生命周期。同样，在滩涂建设中，原本的整打设计出现了成本超标、货载超重、加工耗时、安装耗工的情况，技术总监提议将整打工艺改为拼贴工艺，即将 5 cm 薄板拼接成盒装代替原有设计。几经沟通后，四川蜀汉以此为案进行操作，不但完美地呈现出设计效果，解决了货载和成本的问题，还让安装更简易、更有水准。

四川蜀汉曾经对近年来国人更加青睐国外质量的现象表示道："首先要承认是我们的产品出了问题，没人家那么人性化。但核心问题并非是不可逾越的技术鸿沟，而是产品生产理念的问题，所以我们在做工程的时候，要做一个优化师，为质量负责，想客户所想。"

做到极致就是工匠精神

作家格拉德韦尔曾提出一个"一万小时天才"的概念，意为任何人经过一万小时的努力，可以从平凡变为超凡。庄子笔下运斤成风的石匠、削木为鐻的梓庆、斫轮论道的轮扁、游刃有余的庖丁、刻木为鸟的鲁班、专精铸剑的捶钩者和粘蝉若拾的承蜩者等。这些匠人无一不是执着专一、矢志不渝，由普通人成为行业翘楚。四川蜀汉用行动来证明工匠精神并不是夸夸其谈、随波逐流，不是曲高和寡、阳春白雪，而是把一件事做到极致！

衣冠不整
谢绝入内

龙湖 | 昱湖壹号
WATERFRONT CITY

龙湖
昱湖壹号
WATERFRONT CITY

融创·国宾壹号院

不负土地，不负时代

项目名称：融创·国宾壹号院

开发单位：重庆均钥置业有限公司

设计单位：深圳市壹安设计咨询有限公司

景观施工：四川蜀汉生态环境有限公司

项目位置：重庆市渝中区虎歇路

每一座伟大的城市，都有一座壹号院

在城市中创造自然，在繁华中创造宁静，在有限的土地上创造无限丰盛的生活。融创探问过去，寻找新生，把传统和新文化结合，以光影，以泥沙，创造“城市理想”并将其赋予中国每一座伟大的城市。继北京、上海等城市后，在山城的地脉中轴——渝州路，融创以壹号院之名，为重庆国际化进程注入了高山仰止，注入了活色生香，注入了传承守望……

在充满历史印记的渝州路上，一座系出名门的高端精品——融创·国宾壹号院，凝结了中国建筑文化中重情实礼的人本精神和崇尚自然的环境美学，以现代建筑为基调，结合中式造园精神理念，参考钓鱼台国宾馆、西湖刘庄，融入中国古典园林的浪漫与典雅，打造最具“国宾”礼制的当代设计，营造“都市桃源”的理想居住环境，入，安享静谧，出，尽揽繁华，成为重庆城市中心高端居所与“国宾级”生活方式的代表，更成了担纲东方人居的最佳范本，重新定义了人居生活的昨日与今日。

再写封面，只想更完美

自进入重庆，融创以惊人的速度发展，短短时间，已有十余个项目分布在渝城。这一次，融创按最高端产品系的标准，打造融创·国宾壹号院，展现渝州人居天际线的能力。而此次也是四川蜀汉生态环境有限公司继北京西山壹号院后再次担起书写城市封面的任务。

·BIM 技术 辅助施工管理

项目场地保持着重庆特有的高差山地地势，整个场地呈阶梯形，进深 50 余米，道路和场地形成扭坡，最大高差 3 m 左右，且项目地处渝中区繁华路段，因此，施工难度巨大。接项后，四川蜀汉通过 SKP 软件将整个项目最终呈现的 3D 效果直观地展现出来，后引用 BIM 工作模式，将设计与施工紧密联系起来。因为是 3D 模型，所以非常利于团队成员之间进行交流。模型可以很容易地在几分钟之内迅速地生成各种透视、立面及剖面，很直观地协助表达设计意图。这些 3D 模型同时也是“智能”的，背后还包含了大量的实际数据（如材料、单价等），可以迅速计算出其他相关数据（如成本）。尽管目前尚缺乏专门适用于景观建模的 BIM 标准主件，但模型中可以清晰地反映结构、管线及其他节点的空间情况，从而尽早避免了施工中的各项冲突。在 BIM 的协助下，施工过程中的支模、脚手架及辅助设备的搭建更准确，材料运输有效省时。特别是硬质铺装问题，主入口大门景墙选用意大利鱼肚灰大理石作为背景，这种大理石资源稀少，需要从国外进口，品种质量差异较大，BIM 技术使整个板面的材料切割损耗最小化，纹理自然、浑然一体，达到成本与效果的双赢。

·先进工艺让设计完美绽放

进入售房部，映入眼帘的开阔镜面水景是本项目的一大亮点，开阔平静的水面作为售楼部建筑的基底，水面端头用中式古亭收住视线，水面倒映建筑和景亭，造型飘逸的大树点缀在水中，圆形的汉白玉大理石舞台仿佛漂浮在水面之上，整个场景开阔、静谧。

针对该水景，四川蜀汉采用池底材料架空的施工方法，这种施工方法有效地防止了水景施工泛碱的通病，而且便于后期维修；在池体结构施工时，考虑到整个水景面积大，后期清洁维护可能比较困难，因此四川蜀汉通过合理优建议，在池底结构二次优化，采取了一系列有组织的排水措施，这不仅让设计完美绽放，也延长了美景的生命周期。

以匠新致匠心

在一切讲求效率、减少成本而尽力获得利益最大化的时代，弘扬和延续“工匠精神”是建筑人的传统，更是新时期建筑企业的使命担当。如今，工匠精神已经衍生出更广泛的含义，它不仅仅只是纯粹、专业或者极致，在新理念、新思路、新技术、新体制指引助力下，“匠心”正在一步步迈向“匠新”……

在融创“定制不复制”，打造高端人居的匠心下，四川蜀汉坚守初心，不断完善自身，引用先进的技术，用匠新致匠心，终不负土地，不负时代，又现佳作……

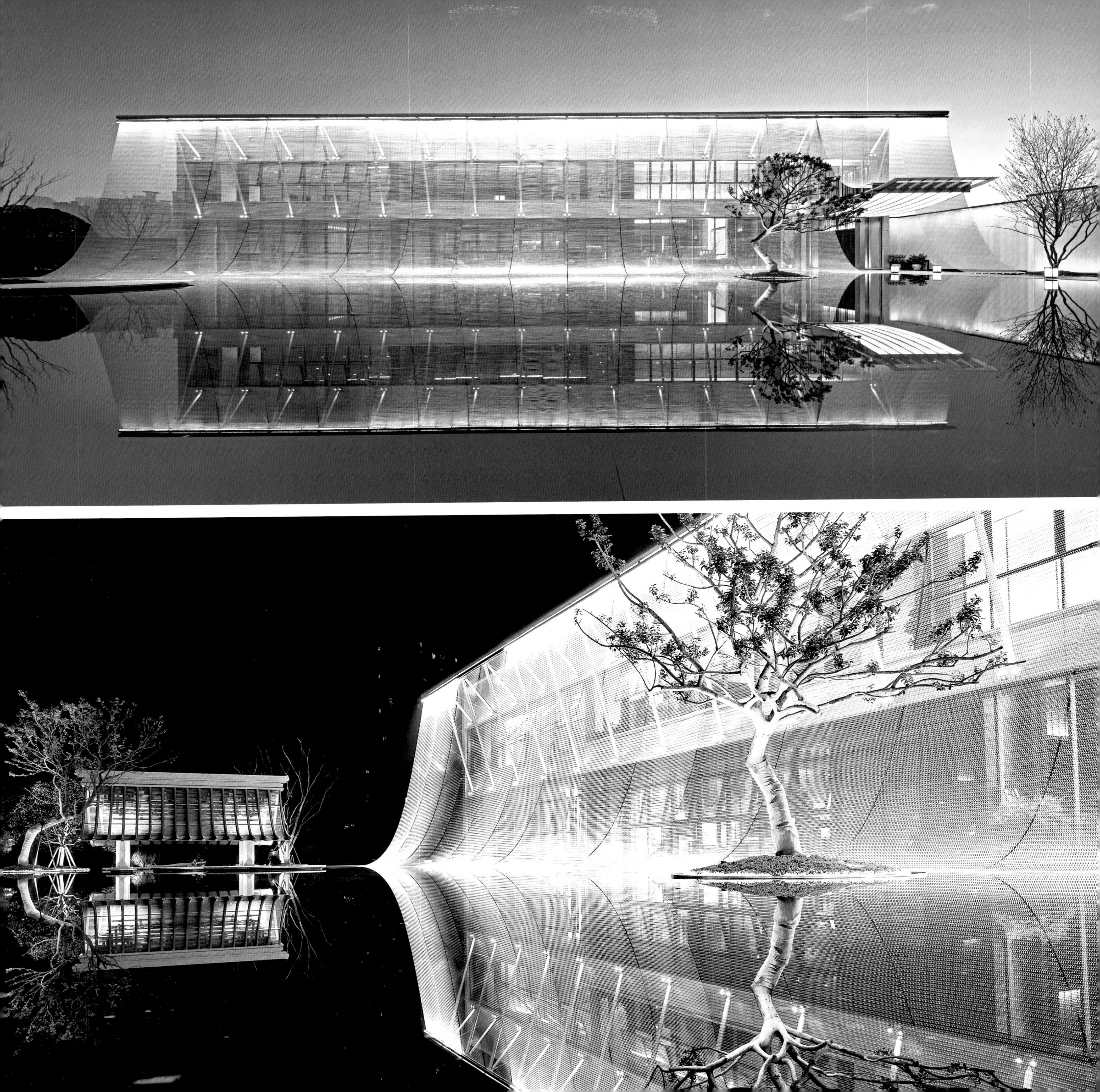

ONE CENTRAL MANSION

中交・中央公园

项目名称：中交・中央公园
开发单位：重庆中交西南置业有限公司
设计单位：重庆佳联园林景观设计有限公司
景观施工：四川蜀汉生态环境有限公司
项目位置：重庆市两江新区中央公园东南侧

在一片澄澈的镜湖之中，
有一叶“扁舟”浮游其上。
轻盈舒展，悠然自得。
以自如之态，应瞬息万变；
以空灵之度，“镜”观其“变”。

动静，于太极，是一种融合，“动静相应，动静相须，动静交互，动静均衡，动静合一，动静浑然，则太极之象成”；于作家，是一种手法，以它来描绘环境，突显语言的画面感；对于景观，则是一种艺术，“静若皓月，动如凌波。于繁市见观水动，在人潮中听鸟啼”，实现城市人居繁华与宁静咫尺切换。中交・中央公园，立意“山水・诗意重庆”，通过抽象和写意的手法体现重庆大山大水的地景特征和人文情怀。

以“浮游之境”为题的中央公园销售中心伫立在一片静谧水面上，目光和心绪随着空间的起伏在舒展地流动、延伸，畅快无比，每一个角落都流淌着诗意。这样的镜水面起源于法国古典园林。法国式园林面积巨大且地形平缓，动水景观造价过大，难以大量运用。因此，园林中以静水面景观为主，水池反射出蓝天白云或周围景致，仿佛是巨大的镜面镶嵌在花园中，这样的水景处理被称为“水镜”。

在大空间中，空旷的静水面反射出天空和建筑，营造出一种素雅且庄严的空间感。动易静难，所以说，静，是生命哲学的至高境界。让镜湖静下来，主要解决两个方面的问题：空间上的静——防沉降；时间上的静——防泛碱。

中交・中央公园整个镜水面面积有3400 m^2，在项目进场前，我们对整个场地标高进行了测量,针对现场情况，反复确定土方回填专项施工方案以及技术要求措施，以期减少基础开挖和土建施工的难度。设计师为了表明建筑的在场，引入景观，对话自然，将整体基地抬高了2 m。基地的抬高加大了沉降的概率，四川蜀汉对易出现沉降的部位采用换填施工以及合理分层碾压、强夯、压密注浆。并且对相邻主体采用植筋的施工方法消除有沉降隐患的场地。保证了空间维度的“静”后，我们开始塑造时间维度的“静”。要想解决水景泛碱的问题，首要需要分析，这个项目水景会出现泛碱现象产生的原因——（1）可溶性盐碱类的存在。这些物质主要来自水泥、骨料或者外加剂等，也有可能是材料本身含有的物质。（2）水的传递。水就是泛碱产生的主要介质，具有传递碱类的作用。（3）装饰材料面层的缝隙以及毛细孔是可溶性碱盐接触空气和水的一个重要渠道。针对泛碱现象的成因，我们从切断泛碱的途径，减少氢氧化钙、盐类等生成物及减少水的侵入等三个方面采取措施来预防泛碱现象。首先，优化基础施工方案，在结构施工时做到结构施工一步到位,保证结构的干燥,在阴角处做弧形处理,方便防水施工无空鼓现象；其次，降低结构高度,创新选用定制青石替换原结构支撑材料,并在水景结构排水处增加沉砂池铺贴波纹砖,在材料粘贴上用胶泥铺装并避免多次用水喷淋板材,粘贴层控制在10 mm以内，完美解决了水景泛碱。

古往今来的伟大建筑，皆因它们各自存在的独特目的而被人铭记。从地中海岸至今仍存的古希腊城市遗迹，到屹立在曼哈顿的摩天大厦，不外如是。而对于城市人居而言，这种哲学的根本，则在于更好地生活。居于繁华城央的人，是否还可以拥有平静的生活？四川蜀汉并没有仓促地许诺或给出答案，而是用生命哲学去感悟设计的灵魂。工程，不简简单单是一种劳作，也不仅仅是一种技艺的展现，而是一种自我修行的方式。它需要被理解的不仅仅是意图，还有背后的灵魂，它需要被呈现的不仅仅是效果，还有境界。

中交

央公园

岭南股份

岭南股份
SZ.002717

邱国平
岭南成都设计院　副院长

公司简介

岭南股份，作为全国性知名园林上市龙头企业，以"让环境更美丽，让生活更美好"为目标，在人居环境营造方面整体性思考，力求达到经济、社会、生态、艺术价值的动态平衡及效益最大化。

我们倡导：先进的设计理念与科学的方法，与本土自然人文相融合，形成具有地域特色且满足社会需求的景观模式，这也是我们对"西南的价值"的理解与责任。

我们践行：岭南品质、西南特色、因地制宜，实现城市价值经营与可持续发展，实现良好的民生效应、经济效应及社会效应。

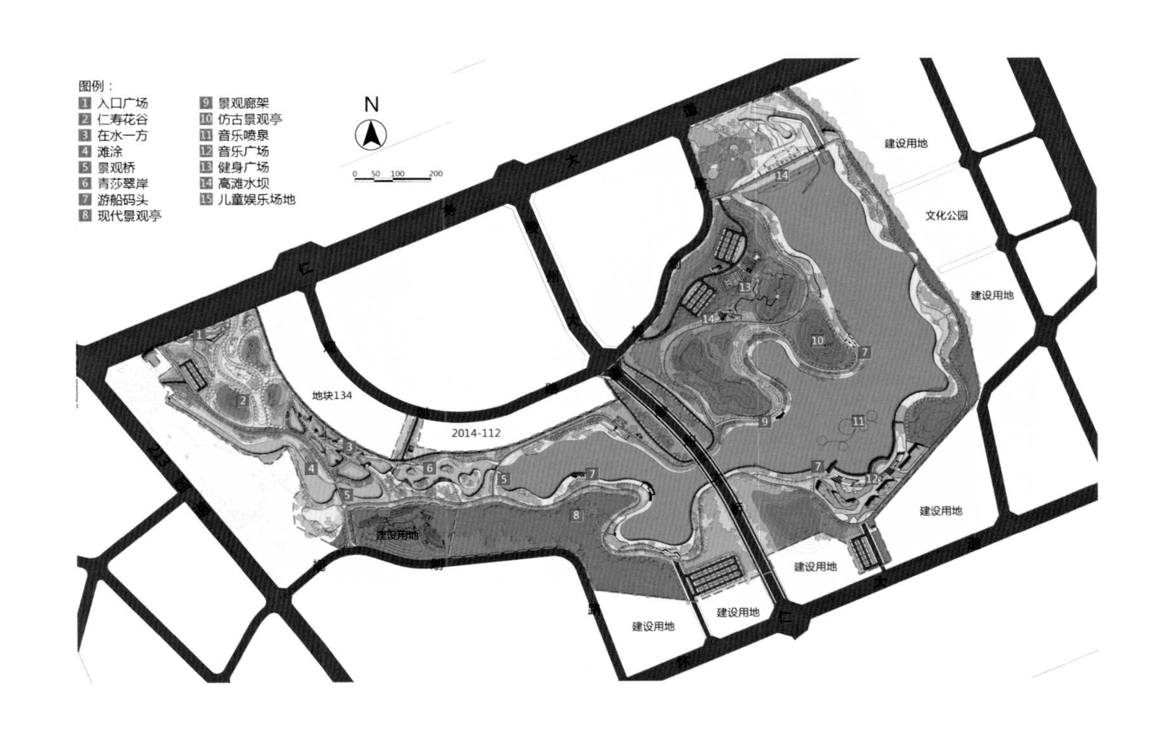

仁寿城市湿地公园

项目位置：四川省仁寿县

项目规模：约 1.2 km^2

设计单位：岭南园林设计有限公司

施工单位：岭南生态文旅股份有限公司

建设单位：四川省眉山市仁寿县住房和城乡建设局

设计时间：2015 年 6 月

实施时间：2015 年 10 月

总造价：约 3 亿元

项目介绍

仁寿城市湿地公园项目是集设计、施工于一体的工程，位于四川省眉山市仁寿县城北新城，西起迎宾大道，东至仁寿大道一号桥。项目总占地面积约为 1 333 333 m^2（其中水域面积约为 520 000 m^2，蓄水量 2 200 000 m^3，公园绿化景观用地面积约为 800 000 m^2），是集旅游性、生态性、主题性为一体的都市休闲场所，为打造城市特色、传播城市魅力、实现社会效益、带动城市发展起到举足轻重的作用。

设计理念

设计以“仁者乐山，寿者乐水”为主题。仁寿城市湿地公园使仁寿人返璞归真：融情山水的城市花园，更是高速发展的仁寿迎接来宾的城市客厅。设计中充分保留和雕琢了仁寿美好的山水资源，将古朴的仁寿文化元素与现代简洁的设计风格融入其中，奉献出一卷象征新时期仁寿生活风貌的山水画卷。

具体而言，设计结合功能，分为一湖两岸八景的景观布局，形成新的城市休闲娱乐中心，八景分别为：仁寿花谷、青莎翠岸、山林野趣、坝体观光、云亭览胜、水舞倾城、临峰映月、在水一方。

建设原则

仁寿城市湿地公园充分尊重自然地形地貌，遵循四项建设原则：

1. 生态性原则：尊重场地、依山就势、减少硬质场地、硬质驳岸。

2. 经济性原则：土方就地平衡、适地适树、控制建设成本、降低维护成本。

3. 可实施性原则：尊重场地现状，使用生态环保材料。

4. 创新性原则：分段设计主题、细分交通系统、增加文化特色。

建设亮点

1. 引水入园，拜山见水：引上游黑龙滩洁净的水源至公园内，再梳理局部的田地，形成湖、潭、溪、岛、湿地等多种“水态”的活水公园。

2. 空间利用，亮点呈现：主入口原为大面积的建渣堆放地与弃土场。经过精心设计，最后形成一大景观亮点——仁寿花谷。这样既减少了土方外运的成本，又让空间更加开合有致，壮观大气，引人入胜。

3. 时间有限，完美呈现：从 2015 年国庆节后开工到 2016 年春节前核心区完工。约 100 天时间，高效完成，并完美呈现出预期效果。在 2016 年春节顺利举办游园活动，受到业主及市民的高度好评。

公园建成后，已成为周边居民的理想花园，特别是 200 m × 30 m × 100 m 的大型喷泉灯光秀，已成为仁寿人民各种大中型活动的既定节目。可举行 10 万人的大型灯光秀晚会。

仁寿城市
RENSHOU URBA

湿地公园
WETLAND PARK
2016.05

釜溪河复合绿道

项目位置：四川省自贡市

设计单位：岭南园林设计有限公司、重庆道合园林景观规划设计

施工单位：岭南生态文旅股份有限公司

建设单位：自贡市高新区城投

设计时间：2012 年 6 月

竣工时间：2012 年 8 月

项目规模：1.9 km^2

总造价：约 2.4 亿元

项目沿釜溪河以南建设，起于板仓龙乡大道，止于东环线釜溪河大桥，全长 6.3 km，占地 1.9 km^2，造价约 2.4 亿元。由总长约 12 km 蜿蜒起伏的绿道串联起 11 个节点，其中示范段有 4 个，分别是仓林盐话、林泊水苑、飞鸟诗栖、乐芙田园。项目以山体、水系、道路及其他绿色空间为载体，融合田园、花海、古迹、亭榭楼阁，发挥游憩、健身、环保等多重功能，是自贡市“东部新城”的大型绿色基础设施。其设计理念如下：

1. 仓林盐话（历史、文化）——主入口区形成季节性变化的疏林草地；山林地区形成色彩变化丰富的山林景观；盐文化博物馆和盐帮美食文化馆周边绿化以传统树种为主，烘托民俗风情，营造“玉堂富贵”的意境；釜溪河岸则打造古朴、传统的水岸景观。

2. 林泊水苑（商务、康体）——低山浅丘地带营造浓郁的山林景观；盐商会馆前开阔的水边种植水生植物，与花田林地形成现代且富有野趣的开阔景象；釜溪河沿岸则营造一种清新怡人的河边走廊景观。

3. 飞鸟诗栖（艺术、自然）——在低山浅丘地带形成常绿落叶混交林，营造色彩丰富的山林景观；梯田湿地区通过打造上层林空间，以乡土植物打造湿地层次景观。釜溪河沿岸则保留乡土植物，适当增植蓝花楹、枫杨、广玉兰等景观树种，打造丰富的植物层次。

4. 乐芙田园（爱情、田园）——通过向日葵庄园、葡萄园的打造，营造纯洁、美丽、野趣的情景；通过宿根花卉打造了浪漫花海；在浅丘地区，形成常绿落叶混交林，营造欧洲风情景观；教堂附近则以玫瑰、蔷薇等形成爱情的象征。

另外，“节约型园林”是本项目最大特色和亮点，施工单位推行了全体系、全寿命周期的节约型建设手段。具体如下：

1. 宏观层面：

（1）整体规划方案优化。减量设计，通过“节点细、远景粗、过渡带疏”的造景手法，科学分配投资。

（2）全寿命周期成本优化。平衡当下与长远，考虑设计、建造、养护、运营等环节，降低全寿命周期成本。

2. 中观层面：

（1）注重保护山川原貌，场地开发与原有地形紧密衔接。

（2）因釜溪河水质受污染，故放弃抽取河水进行蓄水浇灌的原思路，改为收集雨水到湿地储备、净化使用，解决养护用水，节省市政配套费用。

釜溪河复合绿道

3. 微观层面：

（1）灵活调线，穿越原生景观，提高游览乐趣。

（2）保护、完善原有山形。保留原有山体、植被，拒绝“遇山开山”，大幅拉低项目成本；尊重山体原有轮廓，局部进行完善。

（3）人造地形，力求“再现自然”，让地形本身成为一道景观。在山体造林时，选用小规格苗木，成林迅速且造价低。

（4）场地重生，修缮当地民居。对现存“节孝牌坊、辋川别业、玉川公祠”等，均采用修旧如旧的手法加以保留。

（5）生态净化与动态景观相结合。全线合理布局湿地并构建生态群落，将湿地、跌水、浇灌等结合起来，确保效益最大化。

（6）积极使用乡土材料。许多植物、砖、石等均取自当地，大大降低成本。

（7）优选植物品种。按照“先覆盖，后成林”的原则，在进行边坡绿化时，选用当地合欢、小叶女贞、黄花槐等进行喷播，逐步形成稳定的植物群落。“适地适树”，推广优秀品种如羊蹄甲、香樟、栾树、红叶石楠、三角梅等。

（8）照明节能。减量化布置、低照度设计、使用节能光源等，大幅减少能耗和对原生环境的干扰。

釜溪河复合绿道设计和施工，始终坚持贯彻生态自然的理念，把“师法自然，再现自然”落实到工程设计和施工的全过程中。漫步绿道，既有亭廊水榭、假山叠石，又有欧式庄园与田园风光，更有让人留连忘返的“花海”，为市民提供了放飞心情的地点。釜溪河复合绿道就是一道“天蓝、地绿、水清”的生态弧线，真正实现了人与自然的和谐相处。

戴 晓 董事总经理

钟 迪 联合创始人 / 法人

陈佳婧 联合创始人 / 董事

对于“西南的价值”的理解

西南地区拥有广阔的地域和悠久的历史。其中历史文化资源和民族文化资源是西部大开发的重要组成部分。应该充分的重视这些得天独厚的资源优势，合理利用其价值，建立良好的民族文化与生态环境，也是为西部大开发的推进做出贡献。

传承天下

传承天下

天府良仓

设计时间：2016 年 5 月—2017 年 6 月

建设时间：2017 年 6 月—2018 年 5 月

景观规模：占地 300 000 m^2，景观设计面积约 133 333 m^2

建设方：华川集团——成都莲华境生态旅游开发有限公司

方案主创设计：葛岩

主创施工图设计：江力

土建施工图设计：马卉

植物施工图设计：龙静

“三千年读史，不外功名利禄；九万里悟道，终归诗酒田园。”

如今的城市，已是空前发达，但行走在城市钢筋水泥中的匆忙脚步，却难得有短暂闲暇，去感受大地的厚重、自然的生趣，和儿时记忆中那充满稻香的田园。生活节奏越快，回归自然的愿望越是强烈，于是，人们开始选择到城市的边缘，到山水田园中，寻找最初的宁静自然。至此，璞莲应运而生。

璞莲，位于中国最美乡村公路——重庆路，是重庆路第一个多功能乡村文化旅游目的地，在项目景观设计阶段，我们始终在探索场地和周边环境的联系，并运用苏州园林“借景入园”的手法，试验将田园、山水融于景观设计之中，形成整体的大尺度和谐景观空间。我们秉承“返璞归真、乡野田园”的景观设计风格，尊重自然与大地，将地球上最美丽的人造景观之一——稻田融于其中。

璞莲景观设计从入口开始，一直将自然理念贯彻落地，无论是以景观塑石为主要元素的主入口，还是树叶形状的农田，在河道的处理上，更是进行了多次清淤、优化线性、筑坝，通过合理的组织，将沿河景观节点形成串联，形成以生态儿童游乐场、假山景观、生态梯田、树叶农田为核心点的景观带。在建筑周边的景观处理上，运用大露台、大内院的手法，将室内外有机连接，模糊室内外空间概念，形成一体，加上大面积的开阔草坪空间，形成内室——外院——景观——远山的层次视觉感，野趣自然。

项目现已成为成都统筹城乡的发展典范，同时也是成都乡村旅游示范区，璞莲将带动整个重庆路生态旅游产业化、规模化、科学化发展，同时与崇州优质旅游资源形成互补，构建崇州的旅游环线，为崇州农旅产业发展，起到带头示范的作用。

彭山产业新城中央公园

项目名称：彭山产业新城中央公园

设计时间：2017 年 1 月—8 月

项目位置：眉山市彭山区

景观规模：公园规划用地总面积（不含市民中心）245 597 m^2

建设方：华夏幸福成都事业部

主创团队：

项目负责人：钟迪　殷艳蓉

方案主创设计：杨静　陈佳婧

主要参与：唐川东　张克　曾韵霖

主创施工图设计：陈南伶　张晓海

主要参与：王政稀　任元　孙炜权　唐正明　孙弘刚　田霞

项目概况

彭山产业新城中央公园位于四川省眉山市彭山区迎宾大道北侧，成乐高速西侧，公园规划用地总面积（不含市民中心）约 245 597 m^2。彭山产业新城是在城市主城区之外，以产业为先导、以城市为依托，产业高度

聚集、城市功能完善、生态环境优美的新城区，是推动地方产业转型升级的动力引擎。彭山产业新城中央公园位于产业新城核心区，其功能布局需充分考虑产业新城总体规划布局，结合新城发展需求，合理配置、持续发展。

设计理念

彭山产业新城中央公园周边布局有住宅、酒店、商场、科创中心、商务办公、港类办公等，该区域承载了新城南北两侧重要的配套服务功能，具有较强的聚集效应。该中央公园是城市开放空间，承载了多维度的功能需求，为新城提供多样化的生活场所。

本项目以“城市开放空间”为核心思路，城市开放空间连接了人、土地、场所、品牌等等，而这一切，直指人的生存状态和生活方向。中央公园作为城市开放空间，伴随着新城发展，是自然生长变化的，公园提供了“故事”发生的场所，也讲述了人与人、人与城市、人与自然的故事。

而“生态、共享、教育、活力”四大元素为空间“生长”提供了沃土，是公园可持续发展的基础。设计围绕四大元素展开，将中央公园打造成为进入产业新城的门户绿地，为新城周边居民提供多样化的活动场所。

生态——密林、草坪、水系形成生态大基地，以绿化围合形成绿地核心，景观软硬景比例达到 8:2；

共享——开放草坪、树阵广场、功能建筑等为多样化的共享活动提供空间，结合周边业态满足人们展示、交流、互动的需求。

文化——以城市文化特色，融入文化艺术设施，如科普植物园、森林书吧等，同时寓教于乐，推动新城的发展。

活力——以绿色空间为依托，结合市民需求，融入活力共享空间：儿童活动场地、老年人活动场地、篮球场、足球场、多功能草坪等。慢跑道串联场地形成环线，沿市政道路临近布置出入口，便利周边居民出入。

彭山产业新城中央公园如同一个巨大的“活力之轮”，为产业新城建立崭新的形象标识，这里不仅是新城的绿肺，更是结合生态、共享、文化、活力于一体的综合目的地。

平面布局上，一条环形跑道串联了公园各个区域，包括：入口广场区（北入口广场、南入口广场、次入口广场）、多功能草坪区（漫花主题区、婚庆草坪、欢乐草坪、复合草坪）、运动活动区（运动场地、儿童活动区、老年人活动区）、中心湖区（中心湖、湿地科普）、林下空间等。

西南市政院—第五设计研究院

蒿海磊 院长

个人简介

中国市政工程西南设计研究总院有限公司第五设计研究院院长、高级工程师，作为中国市政工程西南设计研究总院有限公司的创始人之一，近年来他侧重于院内的管理实践工作，谋求建立一个符合中国文化与时代要求的现代意义工程实践专业服务机构。随和宽厚的他认为“西南的价值”应是“包容”，正如这片土地上的百川汇聚的特征一样，现今的西南秉承传统文脉，链接前沿同享，将多元融汇刻画和演绎在每一个创新设计的细节里。

玄丽 副院长

个人简介

中国市政工程西南设计研究总院有限公司第五设计研究院副院长、副总工程师，20年的景观设计从业经验，获得“邕江综合整治和开发利用工程、郁江两岸综合整治工程”等多项获奖项目的荣耀，走过兴隆湖畔的湖山画境，走过北湖水岸的禅意诗韵。2017年，践行“公园城市”先进理念的她担任“鹿溪智谷”和“龙马湖中央公园”的景观总设计师，为成都的南拓和东进主战场泼墨山水，匠心筑城。

中国市政工程西南设计研究总院有限公司第五设计研究院由两位院长共同创立，多年来砥砺前行，不断进取，以“西南的价值”为责任和使命，为努力建设更好的西南而奋斗。

天府新区兴隆湖

项目名称：天府新区兴隆湖
设计时间：2012 年—2015 年
项目规模：4.492 km^2
设计内容：景观、绿化、市政、生态、水利、建筑
设计团队：中国市政工程西南设计研究总院有限公司第五设计研究院（玄丽团队）
主创设计师：蒿海磊（院长）、玄丽（副院长）、廖子清
项目位置：成都市天府新区科学城起步区

兴隆湖项目位于天府新区科学城起步区，天府大道百里中轴东侧，鹿溪智谷核心区西侧，是中国西部首个以风景园林专业牵头，规划、建筑、给排水、水工、水生态等专业协同完成的大型综合性城市水景观项目；也是中国西部目前最成功的位于城市新中心的候鸟湖泊、成都目前最大最美的城市滨水休闲目的地。兴隆湖大型生态水环境综合治理项目由兴隆湖主体工程、环湖景观带工程、生态工程及环湖市政道路交通系统工程四大工程构成。线路全长为 31 km，占地约为 4.492 km^2。根据科学城“创新为魂，科技立城”的规划定位，兴隆湖以“湖山画镜，智慧生活”为景观设计理念，充分研究环湖空间、产业与交通等方面的关系，打造与成都科学城相匹配的景观生态环境。

在投标之初，设计单位的蒿海磊院长和玄丽副院长召集各专业工程师商讨方案时就明确强调，兴隆湖项目必须在结合原生态本底，尽量保留原自然风貌的基础上，突出人文性、灵动性、亲民性，做到“文态、生态、形态、业态”四态有机合一。目前主体工程已完成，正式实施水生态附属工程。

兴隆湖项目是天府新区总体规划确定的重点项目，其核心任务是通过新建泄洪道实现河湖分离，并利用现状地形构建高滩湿地和生态湖泊，全面提升区域防洪等级至百年一遇，有效地降低下游洪涝风险。为确保湖区水源及水质安全，利用湖尾河道湿地对上游来水进行深层净化，湖区内部通过生物操控技术，构建清水型生态系统，形成开阔水域的“蓝色”生态湖泊，同时结合滨水岸线和地形地貌建设滨水景观步道和 25 m 宽环湖市政道路，形成独具特色的滨湖游憩休闲参观区。

兴隆湖项目于 2013 年 11 月开工建设，2015 年 9 月完工。项目建成后不但能显著增大环境的湿度和减少地表湿度的光辐射，对净化空气、改善地区生态环境、调整局地小气候起到非常重要的作用，同时，也可提升城市品质，美化城市景观，优化生态本底，具有十分明显的经济效益、社会效益与生态效益。

2016 年 4 月 25 日，国务院总理李克强到四川省天府新区成都科学城考察，了解天府新区、成都科学城发展新经济培育新动能的相关情况，并参观了总院负责设计的兴隆湖大型生态水环境综合治理项目。第五设计研究院院领导现场对项目整体情况做了整体汇报。

李克强总理说，如今科学城的蓝图已经绘就，框架基本形成，你们要做新经济核心区、新动能拓展区，打造四川发展新引擎。我们有理由相信，兴隆湖必将成为未来天府新区一张崭新的名片。

2018 年 2 月 11 日，国家主席习近平莅临四川省天府新区成都科学城兴隆湖视察指导新区建设并强调，天府新区一定要规划好、建设好，特别是要突出公园城市特点，把生态价值考虑进去。同时肯定了兴隆湖及天府新区建设成果。

天府菁蓉中心
TIANFUJINGRONGCENTER DISTRICT A

天府菁蓉中心
A区

高静
院长助理 / 院副总建筑师
建筑景观院（设计五院）院长

公司简介

四川省建筑设计研究院（Sichuan Provincial Architectural Design and Research Institute,SADI）创立于 1953 年，是在城市建设和开发领域提供专业服务的大型建筑设计咨询机构。经过 60 年的发展，SADI 在社会经济、科技、文化高速发展和城市化进程快速推进的过程中，锐意进取、改革创新，汇聚了众多专业技术人员，并始终把提升能够满足客户核心需求的技术服务能力作为企业的基本目标。

我们热爱生活的城市，如同热爱自己的事业。为此我们将一如既往地秉承“质量为本、铸就经典”的设计理念，关注城市发展的趋势和特点，关注城市与人的和谐关系，推动城市化进程，创建宜业、宜居的城市工作、生活空间。

四川省院建筑景观院

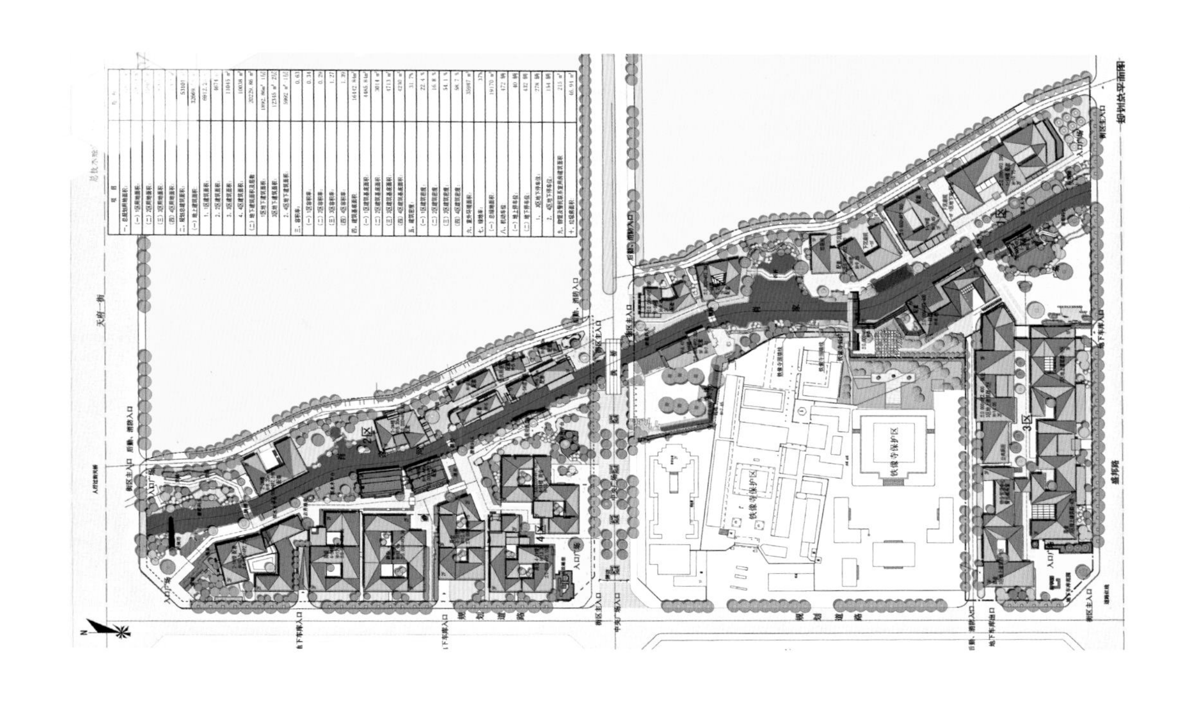

成都高新区铁像水街

项目名称：成都高新区铁像水街
设计时间：2009 年—2013 年
项目位置：四川省成都市高新区大源组团
项目规模：总面积 51 800 m^2
景观设计面积 35 000 m^2
建筑面积约 53 000 m^2
工程概算：约 1.33 亿元
建 设 方：成都高投置业有限公司

项目依托毗邻的历史遗迹铁像寺，于肖家河两侧打造了集社区公共服务、特色精品商业和中高端文化休闲等业态于一体的“水街”聚落。这是一次建筑、规划、结构、景观、给排水、电气、暖通、绿化、光彩照明及市政等多专业高度融合、共同协作的项目。

景观设计由河道景观、街区商业景观和滨水园林景观有机构成，结合市政河道防洪设计构建了生动的亲水环境和充满传统韵味的街道景观。建筑与景观的融合，营造了有机串联在河道两岸的城市开放空间，传承并发扬了成都水文化、佛教文化、城市休闲文化和历史传统文化。

项目以完善城市业态、开发与消费引导为长期目标，着眼于现代工程技术条件下传统风貌的体现、城市滨水空间的景观化开发以及对环境、对历史遗迹的尊重与重塑，实现了“很成都、很现代”的规划目标，打造了传统与时尚交相辉映的城市文化坐标。

设计亮点

1. 都市开放空间的营造

街区内建筑单体以模拟自然生长城市的形态进行组合，形成“南紧北松”的总体布局方式，借鉴传统街道空间尺度，营造开合有度的街巷院落和广场空间，串联滨水线性硬质景观与面状软质景观，与城市街道空间有机结合，形成完全开放的街区界面，与城市开放空间融为一体。

2. 现代工程技术与施工条件下传统风貌的展现

创新表达传统民居建筑特征，传承西蜀园林景观特质，通过现代设计手法，体现传统与现代的对话。

呈现回澜塔、石牌坊、石敢当、人行桥等文化景观；回澜塔取形于成都邛崃回澜塔原型，采用现代建造方式建造；石牌坊取形于四川泸州尧坝古镇进士牌坊，采用石砌工艺建造；肖家河上的若干跨河桥采用现代钢筋混凝土结构形式，通过立面石材铺贴和线脚、栏板等装饰点缀最终形成了传统石拱桥的景观风貌；街区铺装采用花岗岩、瓦片、条石、木平台等，模仿传统古镇街巷地面做法。

MUG

3. 城市河道的景观化处理

肖家河是高新区重要的南北向城市功能性河道，兼具景观与城市排洪的作用。

设计在满足河道蓝线的前提下对已渠化的河道进行景观化处理，结合下游水闸对水位的提升增大水域面积，形成整体开合有致的水域形态；运用草坡、叠石、石阶、临水平台、栈道等元素，构建灵动雅致的水岸形态；临水建筑构建滨水檐廊、露台、阳台等半室外空间，丰富了亲水空间的环境体验。

4. 工程对环境的尊重

通过绿地空间的组织以及总平面建筑群落布局形成对铁像寺寺院区域的空间缓冲区；结合内街游线和寺庙围墙建造铁像寺后门空间，将寺庙游线与项目商业游线有机串联；设计延续铁像寺主轴线形成街区南区空间虚轴，扩大水域成为虚轴的空间对景，达成历史与现代、传统与时尚的呼应之势。

保留原生香樟打造的戏台及林下广场空间；戏台两侧的木结构回廊通过构造措施的处理保证了香樟枝干从建筑中穿过，最大限度地实现自然景观与人文景观的高度融合。

生旦净末丑功出梨園
昆高胡弹燈曲绕画梁

陈跃中
易兰规划设计院　创始人

公司简介

易兰规划设计院 ECOLAND 是一家综合性工程设计机构，具有中国城乡规划甲级资质、建筑工程甲级资质和风景园林甲级资质，主要从事城乡规划、建筑设计、旅游规划、景观设计及生态环境修复规划设计等专业服务，擅长城市中心区、大型文旅度假区、科技文化产业园、公园及风景区、公共空间、高端住宅等类型的项目规划设计工作。以强大的综合设计能力确保方案的深度和广度，作品充满了活力与创意。易兰的专业服务受到众多客户好评，得到国内外专业人士的推崇，实践项目遍布各地。

易兰设计

易兰ECOLAND

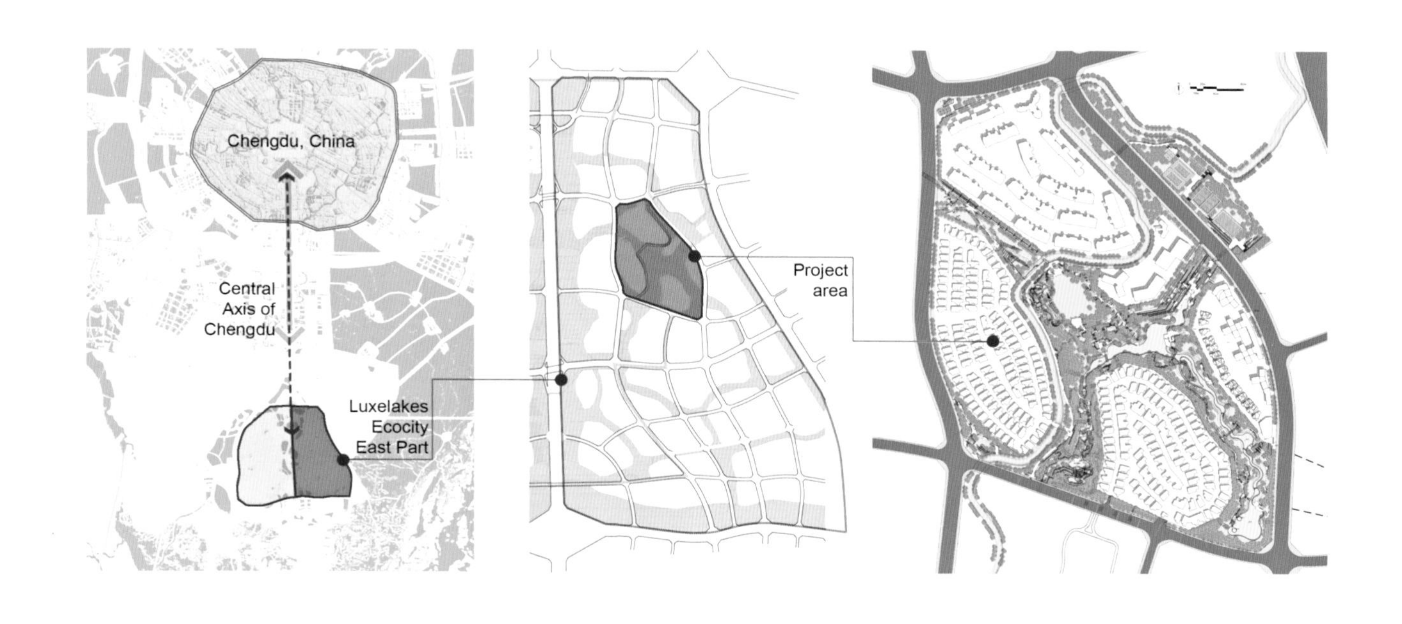

成都麓湖红石公园

项目位置：四川省成都市
设计面积：约 78 000 m^2
建成时间：2015 年 8 月
项目委托：成都万华投资集团有限公司
设计团队：易兰设计

位于成都麓湖生态城中心地带的红石公园，是一座功能完善的独立型社区公园。红石公园占地面积约 78 000 m^2，原有场地相对简陋，活动空间分散、功能单一，场地和设施条件简单，对周边的居民没有太大的吸引力，居民生活品质得不到提升，也缺乏社区归属感。当地开发商希望设计一系列环境优美的社区绿地，为居民提供优质的居住环境，进而提升社区的价值。麓湖红石公园是为数不多的“开放式”社区公园典范，公园的建设与管理主体从政府转变为开发商，将传统居住区设计中零散分布的居住绿地集中利用，打造全开放的社区公园服务于居民。

社区公园的模式创新

易兰的设计团队打破了传统社区公园仅提供简单步行道路和简单健身器械的局面，结合目前人们对丰富的生活环境的需求，对场地功能进行了广泛而细致的思考。设计按照不同人群的使用功能，对动静空间进行分析与衔接，使之更加合理有效。在公园核心的太阳谷区域设置了满足动态活动为主的“儿童七彩游乐园”、阳光草坪、中央烧烤区和以静态活动为主的香樟棋语林、“石生灵泉”。另外，为了增加公园的易达性与更多步行到访可能，设计师为周边五个社区都设置了从社区直接进入公园的路线。

自然之声
麓湖公园BBQ音乐会

四川浮云文化旅游发展有限公司

浮云牧场

项目名称：浮云牧场
项目位置：四川理县西山村
项目规模：200 000 m^2
开发公司：四川浮云文化旅游发展有限公司
设 计 师：宋强

四川理县西山，地处杂谷脑河谷下段北坡，正面终年积雪的雪山，背倚古老羌民族的圣地白空寺，春雪、夏花，白天浮云游走，夜晚星空璀璨。这里坐北朝南，平均每天日照达 8 小时，全年晴天天数在 250 天以上，在当地有“太阳山”之称。平原地区的暖热气流与川西高原的干冷空气在杂谷脑河谷相遇，在此形成多变的云雾景观，时而云线伏在你的脚下，时而云雾如瀑般扑面而来。

浮云牧场位于四川理县西山高半山，海拔 2600 m，距离西山山脚 19 km，距山顶约 3 km。从山脚可以开车直接到达浮云牧场，道路为水泥路面村道，山路蜿蜒，沿途 38 个回头弯，经过水田寨、小寨子、马崩寨、立木机寨、渔湾寨、娃崩寨、拉亥寨、拉湾寨，8 个寨子，一路景色多变。从浮云牧场到山顶需步行约 1.5 小时，目前没有车行道。西山山顶风光绝佳，360° 的观景平台，放眼望去，云海翻滚。

这里是羌族的家园，被称为“云朵上的高山村落”。山顶的白空寺是羌族地区唯一一座供奉自然白石的寺庙，也是古老羌族“白石文化”的发源地。

关于建设浮云牧场的计划是从 2015 年 5 月开始的，2015 年后半年，先后上山考察了 12 次，平均每月两次。从山下运送了 622 m^3 沙石、205 m^3 木料、60 t 钢材、15 000 片环保保温材上山，从成都、遂宁、内江、自贡、都江堰、汶川等地邀请了 42 位技术工人、25 位当地村民和 18 位当地石匠共同参与项目建设，并且连续 170 天投入项目建设。半年时间，我们在这片古老安详的山地上实现了共同的理想。

目前，所有基础设施工程、建筑主体工程和大部分景观工程已全部完成，包括：

基础设施工程：1.2 km 的专线电缆架设，1.9 km 的通信光缆铺设，40 t 的高位水池建设，总长 8 km 的水管网及污水处理系统管道，25 t 的污水处理设施，近 300 m^2 的太阳能热水系统，2500 m^2 的停车场和 1.5 km 的道路建设；

建筑主体工程：180 m^2 的云海餐厅、6 栋独栋山景别墅、12 间帐篷体验房、190 m^2 的员工房、60 m^2 的设备房、3 栋营地服务房、40 m^2 的玻璃儿童房、60 m^2 的牧场用房。

景观工程：150 m^3 的无边际游泳池、12 km 的全地形车道、1000 m^2 的花海景观，还有用羌族传统工艺打造的石砌大门、石墙、火塘和舞台。

浮云牧场包括浮云营地和浮云度假酒店两个区域。浮云营地是为旅友、自驾俱乐部和车友会的朋友们考虑设置的，提供 12 间云景帐篷体验房、40 个营位、公共卫生和淋浴设施、露天影院、特色石板烧烤、全地形车驾乘体验。浮云度假酒店将成为拥有最美风景的山居体验度假酒店，一期提供 6 间独栋度假客房，二期规划 24 间，总共 30 间，配套云景恒温无边际泳池、云台咖啡吧、火塘吧，为有孩子的家庭提供亲子牧场、水晶儿童娱乐房。餐饮方面，有云海西餐厅和自助 BBQ 晚宴。同时，还为住店客人特别安排了羌绣课程。

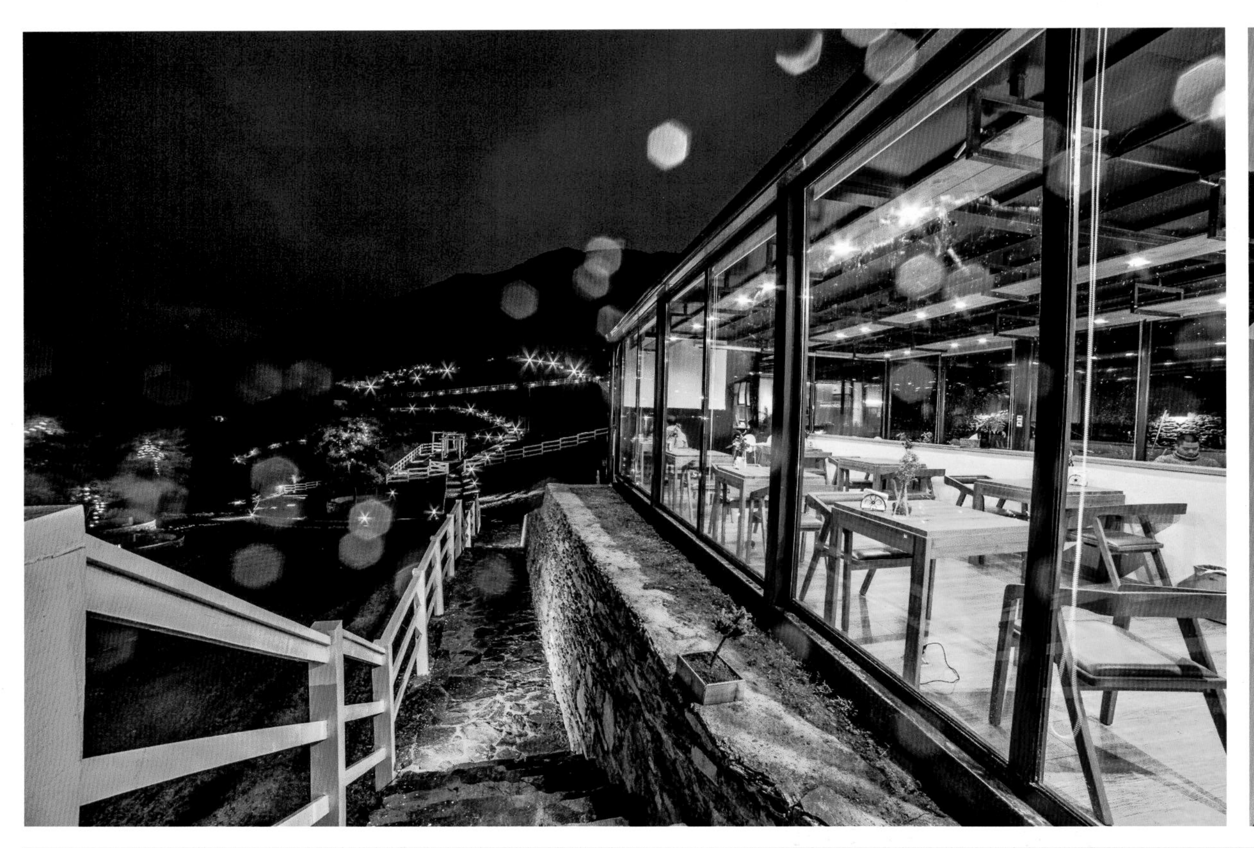

103

招商生态

招商局 生态环保科技有限公司

杨航卓
招商局生态环保科技有限公司　总经理

对于“西南的价值”的理解

奇美的自然、醇厚的历史、瑰丽的山水人文，彰显出西南的情怀和格局。我们在微观领域解决环境核心问题，在宏观领域进行景观营造和思考，愿留一片青山，护一方水土，敬一方民俗，成就“西南的价值”的新高度。

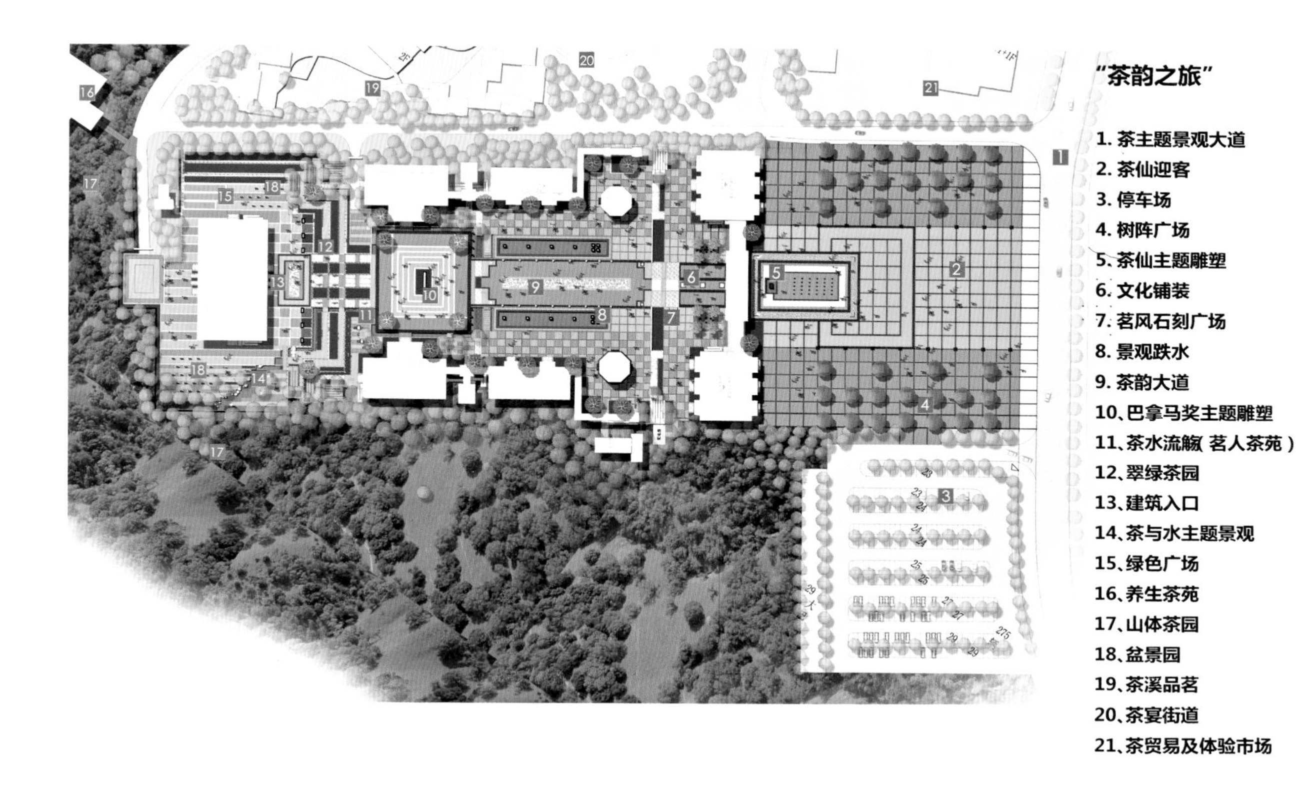

都匀茶博园

项目名称：都匀茶博园

设计时间：2015 年 1 月—4 月

项目位置：都匀市经济开发区匀东镇

建筑面积：9773 m^2

景观面积：63 100 m^2

建设方：贵州省都匀市经济开发区城市投资开发有限公司

设计目标

以茶为资源要素，以“行茶路、游茶园、品好茶、吃茶宴、学茶道、建茶市”为媒介线索，创建一个以“茶”为主题的绿色、文化旅游综合体，以旅游综合体带动周边片区的城市开发。

设计理念

“返璞归真、回归自然”——从城市到自然、从茶山到道路、从茶叶到养生、从绿色到生态经济构建茶旅一体化的“茶韵世界”，进一步体现茶的“清和、精俭、诚敬、美仑”。

设计主题

幽幽青山水，问道茶博园。

设计思路

设计结合建筑布局，景观以茶与历史、茶与自然、茶与艺术、茶与文化为脉络；以茶仙迎客、都匀茶史、毛尖辉煌、毛尖未来为主题轴线形成五大景观区域：分别为茶仙迎客（城市与茶广场）、茗风石刻（茶与历史）、茶山映塔（茶与自然、茶与水）、茗人茶苑（茶与艺术）、翠绿茶园（茶与绿色、文化）。

茶仙迎客区：该区域属于茶博园的入口区，景观设计以茶仙迎客为主题表达城市与茶广场的关系，主要以雕塑和主题广场的形式体现出来。该区域包括迎客广场、序列灯柱、茶文化铺装、迎客小品、树下休闲空间、停车场等景观。

茗风石刻区：景观设计以现状关系为基础，结合茶的历史为主题，以照壁、景墙为载体表达都匀茶的历史演变过程及中国茶文化的进程。该区域景观包括茶历史文化墙、树阵空间、休闲空间、历史文化浮雕、轴线文化展示等。

茶山映塔区：景观设计以茶与水的关系为主题表达茶艺的过程及水的灵动空间关系。该区域在铺装两侧设计带状水景，水景上置茶文化景观小品，水景能体现茶的雅致和自然的和谐，景观小品抽象含蓄地表达茶文化的艺术之美。

茗人茶苑区：该区域位于茶博园主体建筑前，景观设计以茶与艺术为主题表达茶制作过程的体验，茶与艺术的体验关系。该区域包括茶与艺术文化展示广场、茶艺术小品、茶文化铺装、茶与艺术文化展示空间等。

翠绿茶园区：该区域位于主体建筑的两侧及背后，景观设计以陈列馆展示为主题，表达茶与陈列馆后面山体的自然关系。该区域通过盆景展示，利用“茶树”“茶园”的形态烘托建筑，形成绿色平台。

茶

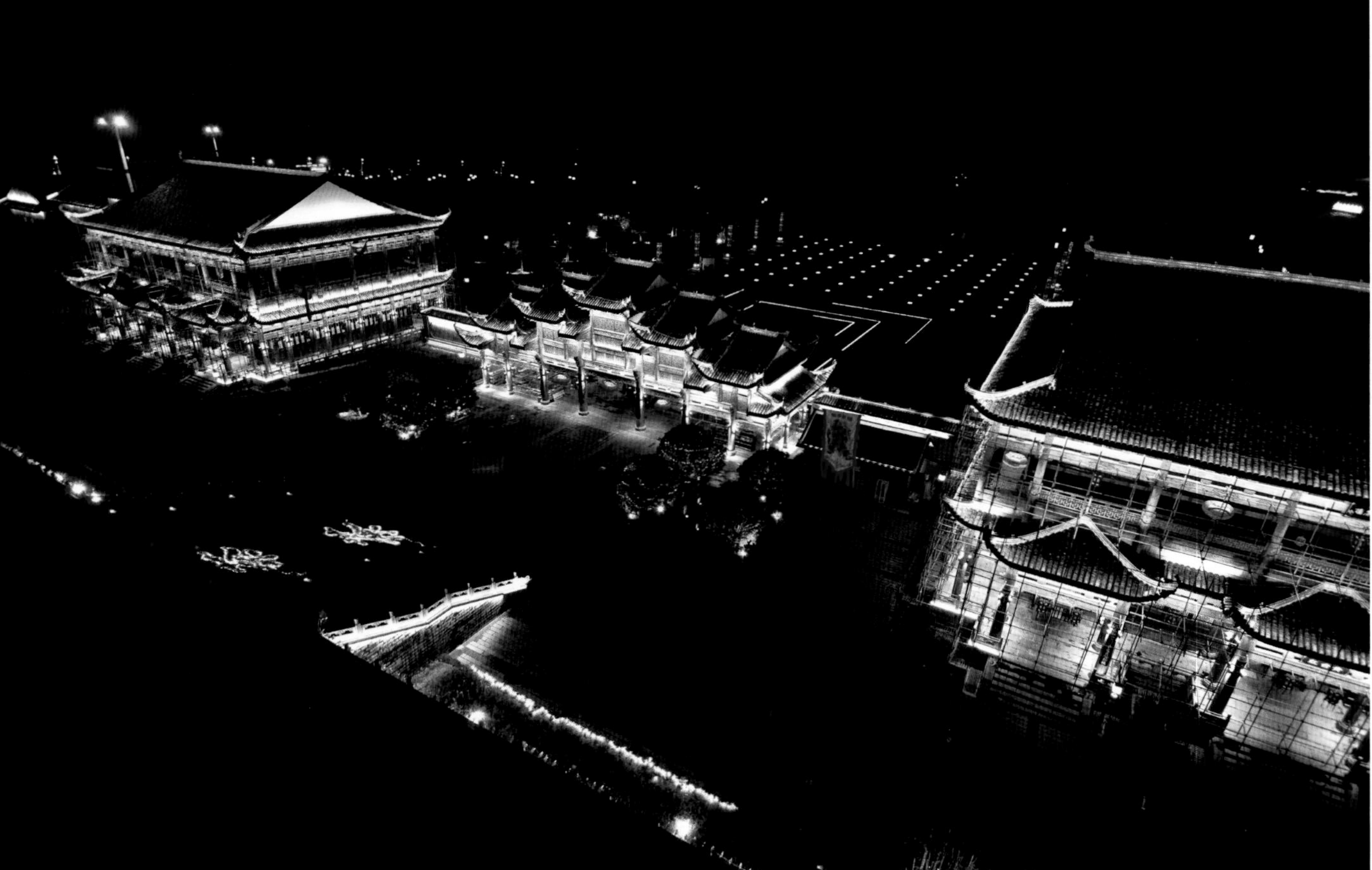

茶
茶

CLA 西南分部大事记

2016 年 11 月 7 日
北京大学
CLA 正式成立

2017 年 5 月 20 日
重庆（国际）时尚发布中心
成立大会

2016　2017

2017 年 3 月 24 日
重庆
成立 CLA 西南分部
研讨会

2017 年 11 月 25 日
重庆师范大学
西南的价值景观年会

2018 年 3 月 3 日
重庆
CLA 西南分部公约发布

2018 年 12 月
全国
《西南的价值——优秀景观作品践行之路》出版

未来
还在继续

2018

2018 年 6 月 16 日
四川美术学院（重庆）
年中论坛“社区景观的未来”

2018 年 11 月
成都
景观年会

CLA 西南分部成立大会 2017 年 5 月 20 日

为了响应《中国景观学宣言》的号召，进一步推动景观行业的发展，近期，在李迪华教授的主持下，CLA 西南分部成立筹备会于重庆召开，会议主要讨论了分部成立的相关事宜，并通过民主选举确立了分部创委会名单及首批实践单位。

以问题为导向，将科学、艺术、工程技术跨界整合，共筑西南地区景观学与景观设计行业发展。CLA 西南分部成立仪式暨俞孔坚讲座“生存的艺术”，2017 年 5 月 20 日在重庆大剧院时尚发布中心举行。

重庆大学、四川美术学院等全国 10 多所高校师生，西南地区及北京、宁波、武汉等地产企业景观负责人，西南地区及上海、浙江、深圳、福建等地同行共计 600 余人，带着对未来中国城乡生态与人文环境的责任和忧虑，以及对美丽中国建设的憧憬，一起探讨在多学科融合背景下景观设计的发展，思考如何为美丽中国建设贡献力量。

CLA 西南分部成立大会部分委员合影

CLA 西南分部会长张坪致辞

俞孔坚教授现场演讲

俞孔坚教授授牌给张坪会长

重庆南岸区副区长陈炯

学术主持褚冬竹教授

广州土人景观庞伟

嘉宾现场对话

符宗荣教授与刘骏教授现场讨论

活动现场

2017 年度“西南的价值”景观年会

2017 年 11 月 25 日，“西南的价值”暨西南景观践行之路大型年会活动在重庆师范大学校友会堂隆重举办。在年会上，同步举行了“西南的价值”主题论坛与“西南的价值”景观年会青年峰会以及西南景观优秀作品展。

此次年会由重庆大学建筑城规学院担任学术指导，重庆师范大学美术学院、中国城市科技研究会 · 景观学与美丽中国建设专业委员会（简称 CLA）西南分部承办，《WATCH 旁观者》设计财经杂志协办，包括蓝调国际、纬图设计机构、基准方中、犁墨景观、尚源景观、道远景观、承迹景观、道合景观、中国市政工程西南设计研究院、乐道景观、传承景观、景虎景观、沃亚景观、岭南园林、罗汉园林等多家优秀企业的积极参与。

重庆师范大学美术学院副院长李绍彬致开幕辞

蓝调国际董事长兼 CLA 西南分部首任会长张坪致辞

“西南的价值”主题论坛是本次年会的重磅活动，由重庆大学建筑城规学院副院长褚冬竹教授担任学术主持。论坛上，杜春兰、李迪华、胡洁、高鲲、李卉、龙赟、任刚等景观设计领域的专家、学者、实践者，对“西南的价值”进行了全面的解读，重构西南景观设计力量的话语场景。

设计大咖精彩对话 全面解读“西南的价值”

重庆大学建筑城规学院院长 **杜春兰** 教授带来了题为“西南的价值”的精彩演讲

北京大学建筑与景观设计学院副教授 **李迪华** 则为现场嘉宾解读“品质中国的景观设计行业与教育”

北京清华同衡规划设计研究院副院长 **胡洁** 围绕主题“山水城市 梦想人居”谈了自己的设计理念

学术主持 **褚冬竹** 教授对论坛 7 场精彩演讲做了学术点评，也阐释了自身对“西南的价值”的解读

纬图设计机构联合创始人、设计总裁 **李卉** 带来主旨演讲“人景交融，自在山水”

成都景虎设计机构总经理、设计总监 **龙赟** 带来主旨演讲“同人文一路旅行——文旅街区景观设计”

蓝调国际常务副总经理、设计总监 **任刚** 带来主旨演讲“山与地诗意的低吟”

成都万华地产景观设计总监 **高鲲** 的主旨演讲是“一叶麓湖”

青年景观设计师为西南景观践行之路呐喊

“西南的价值”景观年会上，“西南的价值”景观年会青年峰会的举行也让现场观众领略到了青年景观设计师的风采。近年来，西南地区涌现出一批杰出的青年景观设计师，他们在不断的打破中蜕变与成长，逐渐成为西南乃至全国景观设计界重要的生力军。而现在，这些优秀的西南景观青年力量也站出来，为西南景观践行之路发出强有力的呐喊。

成都基准方中景观规划设计公司副总经理 **王建明** 演讲主题：“基准景观的设计之路”

重庆道合景观高级园林工程师、主创设计师 **段余** 演讲主题：“敬畏每一寸土地”

成都乐道景观总经理 **陈亚东** 演讲主题：“景观丈量人性空间”

重庆蓝调国际设计二所所长 **张妲** 演讲主题：“追求梦想的过程不断突破自我”

纬图设计机构高级设计经理 **李俪娜** 演讲主题：“做阳光下的孩子，风雨里的大人”

成都传承景观的商务副总 **王娟** 演讲主题：“EPC 景观的践行”

重庆师范大学讲师 **朱罡** 演讲主题：“‘新旧’融合——重庆国富沙磁文化广场规划设计”

成都景虎景观设计总监 **李小凤** 演讲主题：“与自然一起生活”

四川罗汉园林重庆分公司副总经理 **张月川** 演讲主题：“园林景观高品质施工探讨”

重庆尚源建筑景观总经理 **刘志南** 演讲主题：“我们的时代”

重庆道远景观创始人 **伍福军** 演讲主题：“大道当然，精细致远——轻松快乐的设计人生”

岭南园林股份有限公司营销总监 **张国英** 演讲主题：“田园综合体的探讨”

此次活动不仅是西南地区景观界的盛事，也是全国景观学界与业界的一次重要活动；不仅有力地推动了行业的交流，更坚定地将西南这片自然奇秀、文化多样的沃土再次深度地呈现于公众眼前，牢固地建立起西南景观界的文化自信和团结精神

李迪华和张坪为演讲的 12 位青年景观设计师颁发了荣誉证书

西南景观践行之路优秀作品展开幕

CLA 西南分部景观年会同日，西南景观践行之路优秀作品展也盛大开幕。来自 CLA 西南分部 15 家优秀设计企业参展，各家公司的优秀作品在成、渝各大高校巡回展览

2018 年度 “社区景观的未来” 年中论坛

2018 年 6 月 16 日，“社区景观的未来”年中论坛在四川美术学院虎溪校区综合楼小剧场隆重举行。嘉宾阵容包括同济大学建筑与城市规划学院景观学系刘悦来教授、美国 A&N +（尚源景观美国公司）设计总监 Chuck Ware、泰国 PLA 景观事务所的创始人 Wannaporn Phornprapha（以下简称 Khun Pui）、重庆吉盛园林景观有限公司创始人兼总经理丁吉强，主持人为华南理工大学建筑学院副教授赖文波。

2018 年中论坛活动由中国城市科技研究会·景观学与美丽中国建设专业委员会（简称 CLA）西南分部与四川美术学院联合主办，A&N 尚源景观承办，包括蓝调国际、纬图设计机构、基准方中、犁墨景观、道远景观、承迹景观、道合景观、中国市政工程西南设计研究院、乐道景观、传承景观、景虎景观、沃亚景观、岭南园林、罗汉园林、吉盛园林、蜀汉园林等多家优秀企业积极参与。

作为 CLA 西南分部 2018 年的首次景观盛事，“社区景观的未来”年中主题论坛活动邀请到了来自全国各地的景观行业精英、开发商代表等人员出席，各行业嘉宾在现场进行了未来景观设计理念多元化交流，共同为西南景观再次发声。

开幕致辞

主持人：赖文波

华南理工大学建筑学院　副教授

龙国跃

四川美术学院环境艺术系　教授

张坪

CLA 西南分部会长

主题演讲

Chuck Ware

A&N+（尚源景观美国公司）设计总监

Chuck Ware 主要从三个方面论述了未来社区建设的重要性：1. 协同作用本身的含义以及它的定义；2. 协同的作用在一些实践中的运用；3. 就当下去衡量协同作用、协同表现的关键潮流。

丁吉强

重庆吉盛园林景观有限公司　创始人兼总经理

丁总经理从四个方面分享在工程管理中的经验和在未来发展的方向：1. 社区未来的发展趋势；2. 过去景观建造业的缺点包括痛点；3. 新形势下的景观发展新趋势；4. 为了迎接新的趋势应该准备些什么。

Khun Pui

PLA 景观事务所　创始人

Khun Pui 借助案例来分析在做设计的时候，面对不同文化和人群怎样处理设计，并且将文化巧妙地融入到项目中去，起到入画龙点睛的作用。景观设计不仅只是外表，更是关于人和使用者还有不同的族群包括人跟植物、生态等之间产生的共鸣。

刘悦来

同济大学建筑与城市规划学院景观学系教授

刘教授主要从大众日常的生活角度分析了社区与景观的关系，也叫作“共建共享我们的美丽家园”。社区景观的未来是什么呢？每个人都有自己的答案，但最终一点，都跟生活有关。

沙龙对谈

在最后的沙龙对话环节， Chuck Ware 先生、丁吉强先生、Khun Pui 女士、刘悦来教授、重庆道远园林景观设计有限公司陈普核先生、四川乐道景观设计有限公司陈亚东先生六位嘉宾针对论坛主题“社区景观的未来”，站在不同维度阐述了对社区景观未来的思考及发展。

CLA 西南分部人员构成

会　长

张　坪　蓝调国际董事长

副会长

高静华　纬图设计机构总裁

龙　赟　景虎景观总经理

戴　晓　传承天下总经理

欧阳爽　基准方中景观总经理

秘书长

俞　胜　旭辉集团景观总监

副秘书长

任　刚　蓝调国际常务副总经理、设计总监

杜佩娜　乐梵园艺总经理、乐道景观合伙人

CLA 西南分部会员单位

重庆尚源建筑景观设计有限公司

重庆蓝调城市景观规划设计有限公司

重庆纬图景观设计有限公司

重庆道合园林景观规划设计有限公司

重庆犁墨景观规划设计咨询有限公司

重庆道远园林景观设计有限公司

重庆市承迹景观规划设计有限公司

重庆沃亚景观规划设计有限公司

重庆吉盛园林景观有限公司

基准方中成都景观规划设计公司

成都景虎景观设计有限责任公司

四川蜀汉生态环境有限公司

成都传承景观规划设计有限公司

岭南生态文旅股份有限公司

四川罗汉园林工程有限公司

四川乐道景观设计有限公司